工程管理专业专升本系列教材

工程项目招标投标

本系列教材编审委员会组织编写
张国兴　主编
桑培东　主审

中国建筑工业出版社

图书在版编目（CIP）数据

工程项目招标投标/张国兴主编．—北京：中国建筑工业出版社，2007
工程管理专业专升本系列教材
ISBN 978-7-112-08908-6

Ⅰ．工⋯ Ⅱ．张⋯ Ⅲ．①建筑工程-招标-高等学校-教材②建筑工程-投标-高等学校-教材 Ⅳ．TU723

中国版本图书馆 CIP 数据核字（2007）第 052758 号

工程管理专业专升本系列教材
工程项目招标投标
本系列教材编审委员会组织编写
张国兴　主编
桑培东　主审

*

中国建筑工业出版社 出版、发行（北京西郊百万庄）
各地新华书店、建筑书店经销
北京密云红光制版公司制版
廊坊市海涛印刷有限公司印刷

*

开本：787×1092 毫米　1/16　印张：13　字数：312 千字
2007 年 6 月第一版　2017 年 11 月第六次印刷
定价：19.00 元
ISBN 978-7-112-08908-6
（15572）

版权所有　翻印必究
如有印装质量问题，可寄本社退换
（邮政编码 100037）

本社网址：http://www.cabp.com.cn
网上书店：http://www.china-building.com.cn

本书全面系统地介绍了招标投标相关知识，包括工程项目招标投标概述、工程项目招标、工程项目投标、工程项目开标评标定标、建设工程施工合同、国际工程招标投标及 FIDIC 合同条件，形成了招标投标完整的知识体系。

本书主要针对成人高等院校专升本工程管理专业学生及相关人员编写的。既可作为成人普通高校专升本工程管理专业教材，也可供本科院校、函授和自学辅导书及相关专业人员参考。

* * *

责任编辑　朱首明　牛　松
责任设计　赵明霞
责任校对　孟　楠　王金珠

工程管理专业专升本系列教材编审委员会

主　任　邹定祺
副主任　张丽霞　刘凤菊
秘　书　李晓壮
编　委　（按姓氏笔画排序）

于贵凡　王中德　孔　黎　朱首明　刘　迪
刘亚臣　李建峰　李慧民　杨　锐　吴立文
张国兴　陈剑中　陈起俊　周亚范　赵兴仁
徐友全　桑培东　傅鸿源　赛云秀

序

随着经济和社会的发展，成人高等教育在改革的大潮中也实现了自身的快速发展，无论是办学规模、层次、体系，还是办学效果和质量都实现了历史性跨越。在构建终身教育体系，建设学习型社会中发挥着重要的作用。

成人高等教育作为我国高等教育的重要组成部分，已确立了它不可替代的地位。成人高等教育在教学模式、课程设置、教材建设上要自成体系，独具特色，才能体现成人高等教育的特点。而长期以来，成人高等教育和普通高等教育混用教材现象突出，不适应成人高等教育改革和发展的大趋势。尤其是当前成人高等教育已进入调整时期，教材建设显得尤为重要。

建筑业是国民经济的支柱产业，就业容量大，产业关联度高，全社会50%以上的固定资产投资要通过建筑业才能形成新的生产能力或使用价值，建筑业增加值约占国内生产总值的7%。今后五年，我国建筑业总量将会持续稳定增长，我国加入WTO过渡期即将结束，建筑业面临国际市场的巨大竞争，对人才需求进一步增大。对此，大力发展成人高等教育，提高从业人员素质，是建筑行业持续健康发展的迫切需要。

为提高工程管理专业专升本人才培养水平，中国建设教育协会成人与高职教育委员会普通高校分会组织编写了工程管理专业专升本系列教材，教材突出"成人教育"和"专升本"特点，内容和体系注意专科知识向本科知识的过渡，理论知识以够用为度，以掌握原理、方法、技能为原则，主要结合工程实际，突出成人教育的特点，力求方便自学。

本系列教材共六本，即《工程项目管理》、《工程项目风险分析与管理》、《建设工程监理概论》、《工程项目招标投标》、《工程管理信息系统》、《工程经济学》，分别由西安建筑科技大学、山东建筑大学、沈阳建筑大学、河北建筑工程学院牵头主编。

各学校在使用过程中有何意见和建议，可与我们或中国建筑工业出版社联系。

中国建设教育协会成人与高职教育委员会

前　言

　　本书为中国建设教育协会高职与成人教育普通高校分会组织的工程管理专业专升本系列教材之一。在编写过程中紧紧围绕专升本工程管理专业的人才培养目标，依据国家颁发的最新法律、法规、标准进行编写。本书主要作为成人普通高校专升本工程管理专业教材，也可作为本科院校、函授和自学辅导用书或供相关专业人员学习参考之用。

　　随着我国法律制度的不断完善和我国工程建设领域对外合作范围的不断扩大，招标投标越来越成为工程项目管理中一项重要的管理内容。鉴于目前工程项目招标投标应用和发展的态势，我们深入工程建设领域进行社会调研，结合教学过程的实践和我国工程建设的实际情况，编写了适用于工程管理专业的《工程项目招标投标》这本书。全书共分六章，主要内容包括工程项目招标投标概述、工程项目招标、工程项目投标、工程项目开标、评标和定标、建设工程施工合同、国际工程招标投标及FIDIC合同条件。这些内容构建了《工程项目招标投标》的整体理论框架和实际应用方法，全书结构严谨，理论联系实际，有较强的可操作性。

　　参加本书编写的人员有：北京建筑工程学院王平（第1章），河北建筑工程学院胡绍兰（第2章、第3章），河北建筑工程学院李海波（第4章），山东建筑工程学院晋宗魁（第5章），河北建筑工程学院张国兴（第6章）。全书由张国兴担任主编，王平担任副主编。

　　本书由山东建筑工程学院桑培东教授主审，同时在编写过程中参考了教材中所列参考文献的部分内容，在此一并表示感谢！

　　由于作者水平有限，不足之处在所难免，恳请广大读者批评指正。

目 录

第1章 招标投标基本原理 ··· 1
  1.1 招标投标概述 ··· 1
  1.2 招标投标法概述 ··· 5
  复习思考题 ··· 10

第2章 工程项目招标 ··· 11
  2.1 概述 ··· 11
  2.2 招标方式及程序 ··· 14
  2.3 招标文件的编制 ··· 21
  2.4 标底编制 ··· 30
  复习思考题 ··· 52

第3章 工程项目投标 ··· 53
  3.1 投标前的准备 ··· 53
  3.2 工程项目投标程序 ··· 58
  3.3 投标文件的编制 ··· 61
  3.4 投标策略 ··· 95
  复习思考题 ··· 100

第4章 工程项目开标、评标和中标 ·· 101
  4.1 工程项目开标 ··· 101
  4.2 评标 ··· 104
  4.3 中标 ··· 121
  复习思考题 ··· 129

第5章 建设工程施工合同 ··· 130
  5.1 概述 ··· 130
  5.2 建设工程施工合同范本简介 ······································· 133
  5.3 施工合同的订立 ··· 136
  5.4 施工准备阶段的合同条款 ··· 142
  5.5 施工阶段的合同条款 ··· 143
  5.6 竣工阶段的合同条款 ··· 149
  复习思考题 ··· 154

第6章 国际工程招标投标及FIDIC合同条件 ································ 156
  6.1 国际工程招标投标概述 ··· 156
  6.2 国际工程项目招标 ··· 161

6.3 国际工程项目投标 …………………………………………………… 170
6.4 投标标价的确定 ……………………………………………………… 174
6.5 FIDIC 施工合同条件 ………………………………………………… 182
复习思考题 ………………………………………………………………… 196

参考文献 ………………………………………………………………… 197

第1章 招标投标基本原理

学习要点：熟悉招标投标的基本含义，了解招标投标的产生与发展，掌握招标投标法的概念、调整对象、适用范围、强制招标的范围及招标投标活动应当遵循的原则。

1.1 招标投标概述

1.1.1 招标投标的基本含义

招标投标，是在市场经济条件下进行货物、工程和服务的采购时，达成交易的一种方式。在这种交易方式下，通常是由货物、工程或者服务的采购方作为招标方，通过发布招标公告或者向一定数量的特定供应商、承包商发出投标邀请书等方式，发出招标采购的信息，提出招标采购文件，由各有意提供采购所需货物、工程或者服务的供应商、承包商作为投标方，向招标方书面提出响应招标文件要求的条件，参加投标竞争；招标方按照规定的程序从众多投标人中择优选定中标人，并与其签订采购合同。从交易过程来看，招标投标必然包括招标和投标两个最基本的环节。没有招标就不会有供应商或者承包商的投标；没有投标，采购人的招标就没有得到响应，也就没有开标、评标、中标、合同签订及履行等后续工作。

采用招标投标的交易方式在国外已有200多年的历史。由于招标投标具有程序规范、透明度高、公平竞争、择优定标等特点，为实行市场经济的国家的大宗采购活动，特别是使用财政资金等公共资金进行的采购活动普遍采用。

我国采用招标投标交易方式起步较晚，是改革开放以后才兴起的事物。实行市场经济就要产生竞争，有竞争就要有维护竞争的秩序，就要进行规范，如关于产品质量、反不正当竞争、消费者权益保障的法律、法规出台。同样，对外开放，对于我国来讲也是件新事物，我国没有这方面的经验。随着改革开放的不断深入和商品经济的迅速发展，引进外资、利用外资、对外贸易往来、承揽国际工程、利用国外贷款等项目逐年增多。招标投标的涉及面不断扩大，在建筑工程发包、机电设备进口、成套设备采购等方面得到较广泛的应用，一些科研项目等服务采购也大胆采用招标投标。从我国近20年的实践看，这种采购方式在约束交易者行为，创造公平竞争的市场环境，提高经济效益，保证工程质量，防止采购过程中的腐败现象，保障国有资金有效使用等方面起了积极作用。

1.1.2 招标投标的产生与发展

（一）招标投标的产生

招标投标作为一种交易方式，与商品经济的产生和发展有密切的联系。在早期的商品经济时期，个别买主为了获得更多的利润，在开展某项购买业务时，有时会有意识地邀请多个卖主与他接触，以此选出供货价格和质量比较理想的成交对象，这可以说是招标投标的萌芽。招标投标可以说是对这样的交易方式进行规范的结果。比较规范的招标活动首次出现于较大规模的投资项目或大宗物品的购买活动中。一方面是由于只有较大规模的投资商或买主才愿意采用招标这种比普通交易更为规范而严密的方式；另一方面是由于只有在那些较大规模的投资项目或大宗货品交易中，才会使招标方感到采用招标方式节省的成本和建设费用比较可观。19世纪上半叶属于自由资本主义的上升时期，机器大规模生产的应用从生产方式上为买方市场创造了供给条件，同时，社会专业化分工协作的发展也达到了前所未有的发达程度。这一时期成为现代成熟而独立的招标方式正式产生和发展的历史起点。

从历史上看，各国的招标投标制度往往都起始于政府采购。其原因有以下两点：一是政府采购的规模比较大，并且政府也有能力将政府各部门分散的采购集中起来；二是政府的采购需要给供应商平等的竞争机会，政府的采购也需要监督，招标投标制度能够较好地实现这一目的。因此，法治国家一般都要求通过招标的方式进行政府采购，也往往是在政府采购制度中规定招标投标的程序。1782年，英国政府首先设立文具公用局，作为特别负责政府部门所需办公用品采购的机构，该局在设立之初就规定了招标投标的程序，该局以后发展为物资供应部，专门采购政府各部门所需物资。美国联邦政府的招标投标历史可以追溯到1792年，当时有关招标投标的第一个立法确定了政府采购责任人为美国联邦政府的财政部长；1861年，美国国会制定的一项法案要求每一项采购至少要有三个投标人；1868年，美国国会通过立法确立公开开标和公开授予合同的程序。

（二）招标投标的发展

自第二次世界大战以来，招标投标制度的影响力不断扩大，先是西方发达国家，接着世界银行在货物采购、工程承包中大量推行招标方式，近二、三十年来，发展中国家也日益重视和采用设备采购、工程建设招标。招标作为一种成熟而高级的交易方式，其重要性和优越性在国内、国际经济活动中日益为各国和各种国际经济组织所广泛认可，进而在相当多的一些国家和国际组织中得到立法推行。

从制度建设上看，已经有相当多的国家建立了招标投标制度，有的国家甚至有专门的法律，如我国的《招标投标法》、埃及的《公共招标法》、科威特的《公共招标法》，当然，更多的国家是在政府采购法中规定了明确的招标投标制度。世界银行、亚洲开发银行等国际金融机构也都有严格的招标投标制度的规定。从招标投标的实际操作上看，招标竞争成为政府采购的核心原则，许多国家都有招标投标的详细规定。在美国，1997年联邦政府采购额达1900亿美元（不含工资支出），占当年GDP的比重约为3%，加上地方政府采购额约为5%。联邦政府从事政府采购的人员在 45000 人。新加坡 1995 年的政府采购支出占 GDP 的比重约为 13%。英国 1997 年的政府采购额为 3000 亿英镑，占全部财政支出的 24%，占 GDP 的比重为 12%。绝大多数国家的政府采购支出占本国当年 GDP 的比重一般在 10% 左右，占年度财政支出的比重一般在 30% 以上。由于各国规定的必须招标的金额都较低，因此，大部分政府采购都是通过招标完成的。据统计，发展中国家全部进口物资和劳务的 20%～40%（按价值计算）是国家机构通过国际招标输入的。

在国际贸易中，也越来越多地采用招标方式进行。最具有代表性的是世界贸易组织的《政府采购协议》。世界贸易组织的《政府采购协议》是加入世界贸易组织的国家和地区需要签署的诸边协议之一（虽然不是必须加入的）。我国在与欧盟谈判时欧盟就提出了我国应开放政府采购市场的要求。1996 年，我国政府向亚太经济合作组织提交的单边行动计划明确提出，中国政府最迟于 2020 年开放政府采购市场。联合国贸易法委员会（简称贸法会）在 1986 年第十九届会议上决定对政府采购问题进行统一规范。在 1993 年第二十六届会议上通过了《贸易法委员会货物和工程采购示范法》及其《立法指南》，作为各国和地区评价和更新其政府采购法及惯例时参考的范本，对尚未建立政府采购法的国家和地区，则作为拟定政府采购立法时的参照范本。鉴于服务的采购与货物和工程的采购有所不同，在 1993 年的范本中没有包括服务采购，而只拟定了货物和工程采购的示范立法规定。由于服务采购既是国家贸易中的一个重要领域，也是各国政府采购的内容之一，因此，有必要进行规范。贸法会在 1994 年第二十七届会议上讨论了《贸易法委员会货物、工程和服务采购示范法》（简称《示范法》，下同），并同时通过了《示范法》的配套文件《立法指南》，但并没有废止先前的示范文本。在国际贸易中也会越来越多地采用招标投标方式进行。

（三）我国招标投标的沿革

1. 我国招标投标的产生。由于我国的商品经济一直没有得到很好发展，而招标投标实际是成熟商品经济中的一种交易方式，因此，招标投标在我国的起步较晚。但有人认为是改革开放的产物，则有失公允。据史料记载，我国最早采用招商比价（招标投标）方式承包工程的是 1902 年张之洞创办的湖北制革厂，五家营造商参加开价比价，结果张同升以 1270.1 两白银的开价中标，并签订了以质量保证、施工工期、付款办法为主要内容的承包合同。这是目前可查的我国最早的招标投标活动。后来，1918 年汉阳铁厂的两项扩建工程曾在汉口《新闻报》刊登广告，公开招标。到 1929 年，当时的武汉市采办委员会曾公布招标规则，规定公有建筑或一次采购物料大于 3000 元以上者，均须通过招标决定承办厂商。但在清末和民国时期，并没有形成全国性的招标投标制度。

解放后到改革开放，由于商品经济基本被窒息，招标投标也不可能被采用。

2. 改革开放后招标投标的产生和发展。党的十一届三中全会之后，经济改革和对外开放揭开了我国招标发展历史的新篇章。1979 年，我国土木建筑企业最先参与国际市场竞争，以投标方式在中东、亚洲、非洲和港澳地区开展国际工程承包业务，取得了国际工程投标的经验与信誉。国务院在 1980 年 10 月颁布了《关于开展和保护社会主义竞争的暂行规定》，指出"对一些适宜于承包的生产建设项目和经营项目，可以试行招标、投标的办法。"世界银行在1980年提供给我国的第一笔贷款，即第一个大学发展项目时，便以国际竞争性招标方式在我国（委托）开展其项目采购与建设活动。自此之后，招标活动在我国境内得到了重视，并获得了广泛的应用及推广。国内建筑业招标于1981年首先在深圳试行，进而推广至全国各地。国内机电设备采购招标于1983年首先在武汉试行，继而在上海等地广泛推广。1985年，国务院决定成立中国机电设备招标中心，并在主要城市建立招标机构；招标投标工作正式纳入政府职能。从那时起，招标投标方式就迅速在各个行业发展起来。

3. 建设工程招标投标的产生和发展。在《招标投标法》颁布以前，各个行业的招标投标制度基本上是各自发展，不同行业的招标投标的规定都有所不同，发展和完善程度也有所不同。在所有的行业中，以建设工程领域对招标投标制度建设的重视程度为最，其大致的发展过程如下：

20世纪80年代，我国招标投标经历了试行—推广—兴起的发展过程，招标投标主要侧重在宣传和实践，还处于社会主义计划经济体制下的一种探索。80年代中期，招标管理机构在全国各地陆续成立，有关招标投标方面的法规建设开始起步。1984年11月20日，国家计委、建设部发布《建设工程招标投标暂行规定》，提出改变行政手段分配建设任务，实行招标投标，大力推行工程招标承包制，随后，各地也相继制定了适合本地区的招标管理办法，开始探索我国建设工程的招标投标管理和操作程序。但在招标投标制度的初创时期，招标方式基本以议标为主，在纳入招标管理项目当中约90%是采用议标方式发包的，这种招标方式很大程度上违背了招标投标的宗旨，不能充分体现竞争机制。招标投标在很大程度上还流于形式，招标的公正性得不到有效监督，工程大多形成私下交易，暗箱操作，缺乏公开公平竞争。

20世纪90年代初期到中后期，全国各地普遍加强对建设工程招标投标的管理和规范工作，也相继出台一系列法规和规章，招标方式已经从以议标为主转变到以邀请招标为主，这一阶段是我国招标投标发展史上重要的阶段，招标投标制度得到了长足的发展，全国的建设工程招标投标管理体系基本形成，为完善我国的招标投标制度打下了坚实的基础。其具体表现有：

（1）全国各省、自治区、直辖市、地级以上城市和大部分县级市都相继成立了招标投标监督管理机构，工程招标投标专职管理人员不断壮大，全国已初步形成招标投标监督管理网络，招标投标监督管理水平不断提高。

（2）招标投标法制建设步入正轨，从1992年建设部第23号令的发布到1998年正式施行《建筑法》，从部分省的《建筑市场管理条例》和《工程建设招标投标管理条例》到各市制定的有关招标投标的政府令，都对全国规范建设工程招标投标行为和制度起到极大的推动作用，特别是有关招标投标程序的管理细则也陆续出台，为招标投标在公开、公平、公正原则下的顺利开展提供了有力保障。

（3）建设工程交易中心，自1995年起在全国各地陆续开始建立，它把管理和服务有效地结合起来，初步形成以招标投标为龙头，相关职能部门相互协作的具有"一站式"管理和"一条龙"服务特点的建筑市场监督管理新模式,为招标投标制度的进一步发展和完善开辟了新的道路。工程交易活动已由无形转为有形,隐蔽转为公开,信息公开化和招标程序规范化,有效遏制了工程建设领域的腐败行为,为在全国推行公开招标创造了有利条件。

4. 招标投标新的发展时期。2000年1月1日,《中华人民共和国招标投标法》正式施行,招标投标进入了一个新的发展阶段。《招标投标法》颁布后,有关部委又相继出台了与之配套的部门规章,招标投标的体制不断完善,招标投标制在各地方、各部门得到了进一步的推广。可以预计,我国的招标投标制度在市场经济条件下,将有更广阔的发展前途。

1.2 招标投标法概述

1.2.1 招标投标法的概念

招标投标法是调整在招标投标活动中产生的社会关系的法律规范的总称。狭义的招标投标法指《中华人民共和国招标投标法》,已由第九届全国人大常委会第十一次会议于1999年8月30日能过,自2000年1月1日起施行。凡在我国境内进行招标采购项目的活动,必须依照该法的规定进行。广义的招标投标法则包括所有调整招标投标活动的法律规范。除《招标投标法》外,还包括《工程建设项目勘察设计招标投标办法》、《工程建设项目施工招标投标办法》、《招标投标公证程序细则》、《机电设备招标投标指南》等部门规章。

1.2.2 招标投标法适用范围和调整对象

1. 招标投标法的适用范围

我国《招标投标法》第二条规定,在中华人民共和国境内进行招标投标活动,适用本法。这是关于招标投标法适用范围和调整对象的规定。按照本条规定,招标投标法的适用范围为中华人民共和国境内。凡在我国境内进行招标投标活动,必须依照本法规定进行。

(1) 这里的"境内",从领土的范围上说包括香港特别行政区、澳门特别行政区,但是由于我国实行"一国两制",按照我国香港、澳门两个特别行政区基本法的规定,只有列入这两个基本法附件3的法律,才能在这两个特别行政区适用。招标投标法没有列入两个基本法的附件3中,因此,招标投标法不适用香港、澳门两个特别行政区。

(2) 招标投标法只适用于中国境内进行的招标投标活动,不适用于国内企业到中国境外投标。国内企业到中国境外投标的,应当适用招标所在地国家(地区)的法律。

(3) 我国境内进行的招标投标活动,其资金来源属于国际组织或者外国政府贷款、援助资金,贷款方、资金提供方对招标投标的具体条件和程序有不同规定的,可以适用其规定,但违背中华人民共和国的社会公共利益的除外。

2. 招标投标法的调整对象

从我国《招标投标法》第二条规定可以看出，招标投标法适用于中国境内进行的一切招标投标活动。不论是属于该法第三条规定的必须进行招标的项目，还是属于由当事人自愿采用招标方式进行采购的项目，其招标投标活动均适用本法。也就是说，凡是在中国境内进行的招标投标活动，不论招标主体的性质、招标采购的资金性质、招标采购项目的性质如何，都要适用招标投标法的有关规定。需要注意的是，根据强制招标项目和非强制招标项目的不同情况，招标投标法作了有所区别的规定。有关招标投标规则和程序的强制性规定及法律责任的规定，主要适用于必须进行招标（强制招标）的项目。

1.2.3　强制招标制度及其范围

（一）强制招标制度

强制招标，是指法律、法规规定一定范围的采购项目，凡是达到规定的规模标准的，必须通过招标采购，否则采购单位应当承担法律责任。

强制招标制度，是招标投标法的核心内容之一。由于有了有关强制招标制度的规定，招标投标法便不仅仅是有关招标投标规则和程序规定的"程序法"，而且更是一部"实体法"。

（二）强制招标的范围

根据《招标投标法》第三条规定，在中国境内进行下列工程建设项目包括项目的勘察、设计、施工、监理以及与工程建设有关的重要设备、材料的采购，必须进行招标。

1. 大型基础设施、公用事业等关系社会公共利益、公众安全的项目

（1）关系社会公共利益、公众安全的基础设施项目的范围包括：

①煤炭、石油、天然气、电力、新能源等能源项目；

②铁路、公路、管道、水运、航空以及其他交通运输业等交通运输项目；

③邮政、电信枢纽、通信、信息网络等邮电通信项目；

④防洪、灌溉、排涝、引（供）水、滩涂治理、水土保持、水利枢纽等水利项目；

⑤道路、桥梁、地铁和轻轨交通、污水排放及处理、垃圾处理、地下管道、公共停车场等城市设施项目；

⑥生态环境保护项目；

⑦其他基础设施项目。

（2）关系社会公共利益、公众安全的公用事业项目的范围包括：

①供水、供电、供气、供热等市政工程项目；

②科技、教育、文化等项目；

③体育、旅游等项目；

④卫生、社会福利等项目；

⑤商品住宅，包括经济适用住房；

⑥其他公用事业项目。

2. 全部或者部分使用国有资金投资或者国家融资的项目
(1) 使用国有资金投资项目的范围包括：
①使用各级财政预算资金的项目；
②使用纳入财政管理的各种政府性专项建设基金的项目；
③使用国有企业事业单位自有资金，并且国有资产投资者实际拥有控制权的项目。
(2) 国家融资项目的范围包括：
①使用国家发行债券所筹资金的项目；
②使用国家对外借款或者担保所筹资金的项目；
③使用国家政策性贷款的项目；
④国家授权投资主体融资的项目；
⑤国家特许的融资项目。
3. 使用国际组织或外国政府贷款、援助资金的项目包括：
①使用世界银行、亚洲开发银行等国际组织贷款资金的项目；
②使用外国政府及其机构贷款资金的项目；
③使用国际组织或者外国政府援助资金的项目。

另外，依法必须进行招标的各类工程建设项目，包括项目的勘察、设计、施工、监理以及与工程建设有关的重要设备、材料等的采购，达到下列标准之一的，必须进行招标：
①施工单项合同估算价在 200 万元人民币以上的；
②重要设备、材料等货物的采购，单项合同估算价在 100 万元人民币以上的；
③勘察、设计、监理等服务的采购，单项合同估算价在 50 万元人民币以上的；
④单项合同估算价低于第①②③项规定的标准，但项目总投资额在 3000 万元人民币以上的。

建设项目的勘察、设计采用特定专利或者专有技术的，或者其建筑艺术造型有特殊要求的，经项目主管部门批准，可以不进行招标。

1.2.4 招标投标活动应当遵循的原则

（一）公开原则

公开原则主要体现参与市场活动的主体之间在法律地位上的平等，处于公平竞争条件和竞争环境中。公开原则具体表现为：招标项目的信息公开、开标的程序公开、评标的标准和程序公开、中标的结果公开等。

1. 信息公开

招标人采用公开招标方式的，应当发布招标公告；依法必须进行招标的项目的公告，应当通过国家指定的报刊、信息网络或者其他媒介发布。招标人采用邀请招标方式的，应当向 3 个以上具备承担招标项目的能力、资信良好的特定的法人或者其他组织发出投标邀请书。招标公告、投标邀请书应当载明：招标人的名称和地址、招标项目的性质、数量、实施地点和时间以及获取招标文件的办法等事项。招标人要求投标人提供有关资质证明文件和业绩情况、对潜在投标人进行资格审查的，应当在招标公告或者投标邀请书中载明。在发布招标公告、发出投标邀请书的基础上，招标人还应按照招标公告或者投标邀请书中载明的时间、地点提供招标文件。招标文件应当包括招标项目的技术要求、对投标人资格审查的标准、投标报价要求和评标标准等所有实质性要求和条件以及拟签订合同的主要条款。招标人对已发出的招标文件进行必要的澄清或者修改的，应当在招标文件要求提交投标文件截止时间至少15日前，以书面形式通知所有招标文件收受人。

2. 开标的程序公开

开标应当在招标文件确定的提交投标文件截止时间的同一时间公开进行，开标地点应当为招标文件中预先确定的地点。开标由招标人主持，邀请所有投标人参加。开标时，由投标人或者其推选的代表检查投标文件的密封情况，也可以由招标人委托的公证机构检查并公证；经确认无误后，由工作人员当众拆封，宣读投标人名称、投标价格和投标文件的其他主要内容。招标人在招标文件要求提交投标文件的截止时间前收到的所有投标文件，开标时都应当当众予以拆封、宣读。开标过程应当记录，并存档备查。

3. 评标的标准和程序公开

评标的标准和办法应当在提供给所有投标人的招标文件中载明，评标应当严格按照招标文件确定的评标标准和方法进行，不得采用招标文件未列明的标准。

4. 中标的结果公开

中标人确定后，招标人应当向中标人发出中标通知书，并同时将中标结果通知所有未中标的投标人。未中标的投标人和其他利害关系人认为招标投标活动不符合招标投标法有关规定的，有权向招标人提出异议或者依法向有关行政监督部门投诉。

（二）公平原则

所谓公平原则，主要包括机会平等、标底保密、所有投标人都有权参加开标会。对招标人来说，就是严格按照公开的招标条件和程序办事，给予所有投标人平等的机会，使其享有同等的权利并履行相应的义务，不歧视任何一方；对于投标方来说，就是以正当的手段参加投标竞争，不得有不正当竞争行为。按照招标投标法的规定，招标人不得以不合理的条件限制或者排斥潜在投标人，不得对潜在投标人实行歧视待遇；招标文件不得要求或者标明特定的生产供应者以及含有倾向或者排斥潜在投标人的其他内容；招标人不得向他人透露已获取招标文件的潜在投标人的名称、数量以及可能影响公平竞争的有关招标投标的其他情况；招标人设有标底的，标底必须保密；招标人对已发出的招标文件进行必要的澄清或者修改的，应当以书面形式通知所有招标文件收受人；所有投标人都有权参加开标会；所有在投标截止时间前收到的投标文件都应当在开标时当众拆封、宣读。投标人不得相互串通投标报价，不得排挤其他投标人的公平竞争，损害招标人或者其他投标人的合法权益；投标人不得与招标人串通投标，损害国家利益、社会公共利益或者他人的合法权益；投标人不得以向招标人或者评标委员会成员行贿的手段谋取中标。

（三）公正原则

所谓公正原则，就是要求评标时按事先公布的标准对待所有投标人。按照招标投标法的规定，评标委员会应当按照招标文件确定的评标标准和方法，对投标文件进行评审和比较，从中推选合格的中标候选人；任何单位和个人不得非法干预、影响评标的过程和结果。

（四）诚实信用原则

"诚实信用"是民事活动的基本原则，在我国民法通则和合同法等民事基本法律中都规定了这一原则。招标投标活动是以订立采购合同为目的的民事活动，当然也适用这一原则。在招标投标活动中遵守诚实信用原则，要求招标投标当事人应当以诚实、守信的态度行使权利、履行义务，不得有欺骗、背信的行为。从这一原则出发，招标投标法规定，投标人不得串通投标；投标人不得以他人名义投标或者以其他方式弄虚作假骗取中标；中标订立合同后，合同双方都应当严格履行合同；中标人不得违反法律规定将中标项目转包、分包；对违反诚实信用原则给他人造成损失的，要依法承担赔偿责任。

1.2.5 对招标投标活动实施监督的规定

1. 招标投标活动及其当事人应当接受依法实施的监督

《招标投标法》规定了强制招标制度，规定关系社会公共利益、公众安全的基础设施、公用事业项目、使用国有资金投资或者国家融资的项目、使用国际组织或者外国政府贷款、援助资金的项目等，必须进行招标。强制招标制度的建立，使当事人承担一项法定的强制性义务，即必须依法进行招标投标活动，并自觉、主动地接受依法实施的监督。另一方面，由于强制招标的项目关系国计民生，政府必须对其进行必要的监控，确保招标投标活动依法进行。

2. 有关行政监督部门依法对招标投标活动实施监督，依法查处招标投标活动中的违法行为

首先，应当明确这里规定的"监督"，是有关行政监督部门对招标投标活动进行的事中、事后的监督，即凡依法进行的招标投标活动行政监督部门不予干预，对招标投标活动中的违法行为行政监督部门予以查处；"监督"，不是许可、发证、行政审批管理。

其次，具体监督内容包括：依照招标投标法和其他法律或者国务院的规定，必须招标的项目是否进行了招标；是否按照招标投标法的规定，选择了有利于竞争的招标方式；在已招标的项目中，是否严格执行了招标投标法规定的程序、规则；是否体现了公开、公平、公正和诚实信用的原则，等等。此外，有关行政监督部门可以根据监督检查的结果或者当事人的投诉，依法查处招标投标活动中的违法行为。

再次，有关行政监督部门对招标投标活动实施的监督，必须依法进行。包括：有关行政监督部门监督管理的职权必须符合法律、行政法规和国务院的规定；监督管理的内容、监督管理的措施以及对违法行为实施处罚的处罚种类、处罚幅度等，都必须遵守法律、行政法规的规定。对法律、行政法规规定应当进行监督的事项，有关行政监督部门必须依法实施监督，否则便是失职；对不属于行政监督范围内，而应由招标投标活动当事人自主决定的事项，行政监督部门不得凭借其行政权力违法进行干预，否则就是滥用职权。对行政机关工作人员违法失职或者滥用职权的行为，将依法追究其法律责任。

3. 对招标投标活动的行政监督及有关部门的具体职权划分由国务院规定

本条授权国务院规定对招标投标活动实施行政监督的部门及其具体职权划分。之所以作出这样的授权性规定，主要考虑是：第一，招标投标项目涉及的领域较广，不可能由一个部门对招标投标活动统一实施监督，只能根据不同领域工程建设的特点，由有关部门在各自的职权范围分别负责对招标投标活动进行监督。现行的管理体制是：国家重点建设项目的招标投标，由国家发展与改革委员会负责监督检查；城乡建设工程项目的招标投标，由建设行政主管部门进行监督检查；铁路、公路、港口、机场、水利、电力、信息产业等专业工程建设项目的招标投标，分别由各行业主管部门进行监督检查；进口机电设备和出口商品配额的招标投标，由商务部进行监督检查；机械成套设备的招标投标，由国内贸易主管部门进行监督检查，等等。第二，有关部门的职权划分随着政府机构改革深化，还可能有所调整。第三，依照宪法和国务院组织法关于国务院负责确定国务院各部门的任务和职责的规定，各有关部门在招标投标行政监督方面的职权划分，应由国务院具体确定。

复习思考题

1. 如何理解招标投标的含义？
2. 规范招投标活动有什么重要意义？
3. 我国《招标投标法》的适用范围是如何规定的？
4. 根据我国《招标投标法》的规定，哪些建设项目，必须进行招标？
5. 招投标活动应当遵循的原则有哪些？

第 2 章 工程项目招标

学习要点：了解工程项目招标的分类，招标投标法对招标人的要求，招标代理机构的资质条件；熟悉招标方式及招标标底的编制；掌握招标文件的组成及编制。

2.1 概 述

2.1.1 工程项目招标的分类

1. 建设工程总承包招标

建设工程项目总承包招标又称建设项目全过程招标，即所谓"交钥匙工程"招标。它是指从项目建议书开始，包括可行性研究报告、勘察设计、设备材料询价与采购、工程施工、生产准备、投料试车，直到竣工投产、交付使用全面实行招标；工程总承包企业根据建设单位提出的工程使用要求，对项目建议书、可行性研究、勘察设计、设备询价与选购、材料订货、工程施工、职工培训、试生产、竣工投产等实行全面报价投标。

2. 建设工程勘察设计招标

建设工程勘察设计招标是指招标人就拟建工程的勘察任务和设计任务发布通告，以吸引勘察设计单位参加竞争，经招标人审查获得投标资格的勘察设计单位按照招标文件的要求，在规定的时间内向招标人填报投标书，招标人从中择优确定中标单位来完成工程勘察设计任务。勘察和设计是两种不同性质的工作，不少建设项目是分别由勘察单位、设计单位分别进行。

3. 建设工程施工招标

建设工程施工招标，是指招标人就拟建的工程发布公告或者邀请，以吸引建筑施工企业参加竞争，招标人从中选择条件优越者作为中标单位来完成工程建设任务。

4. 建设工程监理招标

建设工程监理招标，是指招标人为了委托监理任务的完成，以法定方式吸引监理单位参加竞争，招标人从中选择条件优越者的法律行为。

5. 建设工程材料设备招标

建设工程材料设备招标，是指招标人就拟购买的材料设备发布公告或邀请，以法定方式吸引建设工程材料设备供应商参加竞争，招标人从中选择条件优越者购买其材料设备的法律行为。

2.1.2 对招标人的要求

招标人是指提出招标项目，进行招标的主体。在招标结束后，一般就成为招标项目的所有人。但在我国目前的体制下，招标人是国有主体时，则对项目没有所有权，只拥有项目经营管理权。

依据《中华人民共和国招标投标法》要求，招标人必须是法人或者其他组织。

1. 法人

法人是招标投标活动中最为常见的招标人。法人是具有民事权利能力和民事行为能力，依法独立享有民事权利承担民事义务的组织。法人应当具备以下条件：(1) 依法成立。法人不能自然产生，它的产生必须经过法定的程序，法人的设立目的和方式必须符合法律的规定，设立法人必须经过政府主管机关的批准或者核准登记。(2) 有必要的财产或者经费。必要的财产或者经费是法人进行民事活动的物质基础，它要求法人的财产或者经费必须与法人的经营范围或者设立目的相适应，否则不能被批准设立或者核准登记。(3) 有自己的名称，组织机构和场所。法人的名称是法人相互区别的标志和法人进行活动时使用的代号，法人的组织机构是指对内管理法人事务、对外代表法人进行民事活动的机构。法人的场所则是法人进行业务活动的所在地，也是确定法律管辖的依据。(4) 能够独立承担民事责任。法人必须能够以自己的财产或者经费承担在民事活动中的债务，在民事活动中给其他主体造成损失时能够承担赔偿责任。

法人可以分为企业法人和非企业法人两大类。非企业法人包括行政法人、事业法人、社团法人。企业法人依法经工商行政管理机关核准登记后取得法人资格。各类法人都可以成为招标人。

2. 法人以外的其他组织

在一些特殊的情况下，法人以外的其他组织也可以成为招标人，主要包括：法人的分支机构，不具备法人资格的联营体、合伙企业、个人独资企业等。这些组织应当是合法成立、有一定的组织机构和财产，但又不具备法人资格的组织。其他组织与法人相比，其复杂性在于民事责任的承担较为复杂。

3. 对招标人的其他要求

除了主体本身应当符合法律的要求，招标人是否还有其他要求呢？《招标投标法》没有规定，但《招标投标法》颁布前的许多规定则对招标人提出一些其他条件，如建设部规定："建设单位招标应当具备下列条件：(1) 是法人或依法成立的其他组织；(2) 有与招标工程相适应的经济、技术管理人员；(3) 有组织编制招标文件的能力；(4) 有审查投标单位资质的能力；(5) 有组织开标、评标、定标的能力"。但这样的规定很难说是招标人应当具备的条件，因为该条规定同时说明："不具备上述二至五项条件的，须委托具有相应资质咨询、监理等单位代理招标。"也就是说，缺乏上述二至五项条件的招标人并不是不能招标，而是应当委托代理招标。因此，《招标投标法》没有对招标人的其他条件作出规定，是符合目前招标市场的实际情况的。

4. 招标代理机构的资质条件

招标代理机构是依法成立的组织，与行政机关和其他国家机关没有隶属关系。为了保证完满地完成代理业务，必须取得建设行政主管部门的资质认定。招标代理机构应具备的基本条件包括：

（1）有从事招标代理业务的营业场所和相应资金；

（2）有能够编制招标文件和组织评标的相应专业能力；

（3）有可以作为评标委员会成员人选的技术、经济等方面的"专家库"。对"专家库"的要求包括：

①专家人选。应从事相关领域工作满8年并具有高级职称或具有同等专业水平的技术、经济等方面人员。

②专业范围。专家的专业特长应能涵盖本行业或专业招标所需各个方面。

③人员数量应能满足建立库的要求。

委托代理机构招标是招标人的自主行为，任何单位和个人不得强制委托代理或指定招标代理机构。招标人委托的代理机构应尊重招标人的要求，在委托范围内办理招标事宜，并遵守《招标投标法》对招标人的有关规定。

依法必须招标的建筑工程项目，无论是招标人自行组织还是委托代理招标，均应当按照法规，在发布招标公告或者发出招标邀请书前，持有关材料到县级以上地方人民政府建设行政主管部门备案。

2.1.3 招标的条件

工程项目的建设应当按照建设管理程序进行。为了保证工程项目的建设符合国家或地方总体发展规划，以及能使招标后工作顺利进行，因此不同标的的招标均需满足相应的条件。

（1）建设工程已批准立项；

（2）向建设行政主管部门履行了报建手续，并取得批准；

（3）建设资金能满足建设工程要求，符合规定的资金到位率；

（4）建设用地已依法取得，并领取了建设工程规划许可证；

（5）技术资料能满足招标投标的要求；

（6）法律、法规、规章规定的其他条件。

2.1.4 招标项目的审批

《招标投标法》第9条规定："招标项目按照国家有关规定需要履行项目审批手续的，应当先履行审批手续，取得批准。"这一规定包含了两个方面的含义：其一，如果国家法律、行政法规或者国务院规定需要对项目进行立项审批的，如国家重点项目和地方重点项目，必须在招标前履行审批手续；其二，如果国家对项目没有审批手续的，则无须经过国家的批准。

在《招标投标法》颁布以前，我国的许多规定都将招标项目必须经过批准视为当然的和必须的，甚至批准的内容非常具体。如建设部规定施工项目招标，概算已经批准，设计招标必须具有经过审批机关批准的设计任务书。虽然我国目前大多数招标项目，包括大型基础设施、公用事业等关系社会公共利益、公众安全的项目，全部或者部分使用国有资金投资或者国家融资的项目，以及使用国际组织或者外国政府贷款、援助资金的项目，都是关系国计民生，涉及全社会固定资产投资规模的重要项目，大多数项目根据国家有关规定需要立项审批。但是，《招标投标法》的规定，在理念上与以前的规定有重大的差别：以前的规定实际上是把招标投标看成是国家的事，因此，需要经过审批是当然的事；而《招标投标法》则将招标投标看成是一种民事行为，只有有规定的时候才需要经过批准。

当然，对于必须经过审批的项目，则该审批工作应当在招标前完成。一般来说，国家重点建设项目需要由省级人民政府计划主管部门和国务院有关主管部门提出，由国务院计划主管部门批准，有些还需要报国务院批准；国家试行的特许权试点项目，由所在省（区、市）的计划部门会同行业主管部门提出项目可行性研究报告，经行业主管部门初审后由国家发改委批准，必要时由国家发改委初审后报国务院审批；地方重点建设项目根据其重要性和规模分别由省级人民政府和省级人民政府的计划主管部门审批。

2.2 招标方式及程序

2.2.1 招标方式

为了规范招标投标活动，保护国家利益和社会公共利益以及招标投标活动当事人的合法权益，《招标投标法》规定招标方式分为公开招标和邀请招标两大类。

（一）公开招标

公开招标，是指招标人以招标公告的方式邀请不特定的法人或者其他组织投标。它是一种由招标人按照法定程序，在公开出版物上发布或者以其他公开方式发布招标公告，所有符合条件的承包商都可以平等参加投标竞争从中择优选择中标者的招标方式。由于这种招标方式对竞争没有限制，因此，又被称为无限竞争性招标，公开招标最基本的含义是：(1) 招标人以招标公告的方式邀请投标；(2) 可以参加投标的法人或者其他组织是不特定的。从招标的本质来讲，这种招标方式是最符合招标宗旨的，因此，应当尽量采用公开招标方式进行招标。

（二）邀请招标

邀请招标，是指招标人以投标邀请书的方式邀请特定的法人或者其他组织投标。邀请招标是由接到投标邀请书的法人或者其他组织才能参加投标的一种招标方式，其他潜在的投标人则被排除在投标竞争之外，因此，也被称为有限竞争性招标。邀请招标必须向三个以上的潜在投标人发出邀请，并且被邀请的法人或者其他组织必须具备以下条件：(1) 具备承担招标项目的能力，如施工招标，被邀请的施工企业必须具备与招标项目相应的施工资质等级；(2) 资信良好。

在公开招标之外规定邀请招标方式的原因在于，公开招标虽然最符合招标的宗旨，但也存在着一些缺陷。邀请招标只有在招标项目符合一定的条件时才可以采用。一般情况下，以下项目可以考虑采用邀请招标：第一，技术要求较高、专业性较强的招标项目。对于这类项目而言，由于能够承担招标任务的单位较少，且由于专业性较强,招标人对潜在的投标人都较为了解,新进入本领域的单位也很难较快具有较高的技术水平,因此,这类项目可以考虑采用邀请招标。第二,合同金额较小的招标项目。由于公开招标的成本较高,如果招标项目的合同金额较小,则不宜采用。第三,工期要求较为紧迫的招标项目。公开招标周期较长,这也决定了工期要求较为紧迫的招标项目不宜采用。

由于邀请招标是特殊情况下才能采用的招标方式,因此,《招标投标法》规定,国务院发展计划部门确定的国家重点项目和省、自治区、直辖市人民政府确定的地方重点项目不适宜公开招标的,经国务院或者省、自治区、直辖市人民政府批准,才可以进行邀请招标。

2.2.2 招标程序

招标是招标人选择中标人并与其签订合同的过程,而投标则是投标人力争获得实施合同的竞争过程,招标人和投标人均需遵循招投标法律和法规的规定进行招投标活动。按照招标人和投标人参与程度,可将招标过程划分成招标准备阶段,招标投标阶段和决标成交阶段。

(一)招标准备阶段主要工作

项目在招标前,有大量的工作需要完成。招标人应当办理有关的审批手续,确定招标方式和合同类型,办理招标备案,划定标段,编制招标有关文件等。

1. 确定招标方式

如前所述,对于公开招标和邀请招标两种方式,在一般情况下应当采用公开招标,邀请招标只有在招标项目符合一定的条件时才可以采用。一般在以下几种情况下才可以采用邀请招标方式:

(1)因技术复杂、专业性强或者其他特殊要求等原因,只有少数几家潜在投标人可供选择的;

(2)采购规模小,为合理减少采购费用和采购时间而不适宜公开招标的;

(3)法律或者国务院规定的其他不适宜公开招标的情形。

2. 标段的划分

招标项目需要划分标段的,招标人应当合理划分标段(也可称为合同数量的划分)。在一般情况下,一个项目应当作为一个整体进行招标。但是,对于大型的项目,作为一个整体进行招标将大大降低招标的竞争性,因为符合招标条件的潜在投标人数量太少。这样就应当将招标项目划分成若干个标段分别进行招标。但也不能将标段划分得太小,太小的标段将失去对实力雄厚的潜在投标人的吸引。如建设项目的施工招标,一般可以将一个项目分解为单位工程及特殊专业工程分别招标,但不允许将单位工程肢解为分部、分项工程进行招标。标段的划分是招标活动中较为复杂的一项工作,应当综合考虑各方面的因素。

在划分标段时主要应当考虑以下因素:

(1)招标项目的专业要求。如果招标项目的几部分内容专业要求接近,则该项目可以考虑作为一个整体进行招标。如果该项目的几部分内容专业要求相距甚远,则应当考虑划分为不同的标段分别招标。如对于一个项目中的土建和设备安装两部分内容就应当分别招标。

(2) 招标项目的管理要求。有时一个项目的各部分内容相互之间干扰不大，方便招标人进行统一管理，这时就可以考虑对各部分内容分别进行招标。反之，如果各个独立的承包商之间的协调管理是十分困难的，则应当考虑将整个项目发包给一个承包商，由该承包商进行分包后统一进行协调管理。

(3) 对工程投资的影响。标段划分对工程投资也有一定的影响。这种影响是由多方面的因素造成的，但直接影响是由管理费的变化引起的。一个项目作为一个整体招标，则承包商需要进行分包，分包的价格在一般情况下不如直接发包的价格低；但一个项目作为一个整体招标，有利于承包商的统一管理，人工、机械设备、临时设施等可以统一使用，又可能降低费用。因此，应当具体情况具体分析。

(4) 工程各项工作的衔接。在划分标段时还应当考虑到项目在建设过程中时间和空间的衔接。应当避免产生平面或者立面交接工作责任的不清。如果建设项目的各项工作的衔接、交叉和配合少，责任清楚，则可考虑分别发包；反之，则应考虑将项目作为一个整体发包给一个承包商，因为，此时由一个承包商进行协调管理容易做好衔接工作。

3. 办理招标备案

招标人向建设行政主管部门办理申请招标手续。招标备案文件应说明：招标工作范围；招标方式；计划工期；对投标人的资质要求；招标项目的前期准备工作的完成情况；自行招标还是委托代理招标等内容。获得认可后才可以开展招标工作。

4. 编制招标有关文件

招标准备阶段应编制好招标过程中可能涉及的有关文件，保证招标活动的正常进行。这些文件大致包括：招标广告、资格预审文件、招标文件、合同协议书，以及资格预审和评标的方法。

(二) 招标投标阶段的主要工作

公开招标时，从发布招标公告开始，若为邀请招标，则从发出投标邀请函开始，到投标截止日期为止的期间称为招标投标阶段。在此阶段，招标人应做好招标的组织工作，投标人则按招标有关文件的规定程序和具体要求进行投标报价竞争。

1. 发布招标公告与投标邀请书

(1) 招标公告与投标邀请书的概念。

①招标公告。招标公告是指采用公开招标方式的招标人（包括招标代理机构）向所有潜在的投标人发出一种广泛的通告。招标公告的目的是使所有潜在的投标人都具有公平的投标竞争的机会。招标人采用公开招标方式的，应当发布招标公告。招标公告必须通过一定的媒介进行传播。

发布招标公告的媒介包括报刊（报纸、杂志等）、信息网络等，对于比较小的一些项目也可以通过广播、通告牌、布告栏等发布。但是，依法必须进行招标项目的招标公告，应当通过国家指定的报刊、信息网络或者其他媒介发布招标公告。

国家指定媒介的目的是为了保证招示公告传播范围足够广泛。

②投标邀请书。投标邀请书是指采用邀请招标方式的招标人，向三个以上具备承担招标项目的能力、资信良好的特定法人或者其他组织发出的参加投标的邀请。

（2）招标公告与投标邀请书的内容

按照《招标投标法》的规定，招标公告与投标邀请书应当载明同样的事项，具体包括以下内容：

①招标人的名称和地址；
②招标项目的性质；
③招标项目的数量；
④招标项目的实施地点；
⑤招标项目的实施时间；
⑥获取招标文件的办法。

（3）某建设项目招标公告案例

某建设项目招标公告

1. ＿＿＿＿＿＿（建设单位名称）的＿＿＿＿＿＿工程，建设地点在＿＿＿＿＿＿，结构类型＿＿＿＿＿＿，建设规模为：＿＿＿＿＿＿，该工程报建和招标申请已得到有关行政主管部门批准，现通过公开招标选定承包单位。

2. 工程质量要求达到国家施工验收规范合格标准。计划开工日期为＿＿＿＿＿＿年＿＿＿＿＿＿月＿＿＿＿＿＿日，计划竣工日期为＿＿＿＿＿＿年＿＿＿＿＿＿月＿＿＿＿＿＿日，工期＿＿＿＿＿＿天（日历天）。

3. ＿＿＿＿＿＿受建设单位委托作为招标代理人，现邀请合格的施工单位进行密封投标，以得到必要的劳动力、材料、设备和服务来建设和完成＿＿＿＿＿＿工程。

4. 投标人的施工资质等级须是＿＿＿＿＿＿级以上的施工企业，愿意参加投标的施工企业，可携带营业执照、施工资质等级证书向招标人领取招标文件。

5. 该工程的发包方式为（包工包料或者包工不包料）＿＿＿＿＿＿，招标范围为＿＿＿＿＿＿。

6. 招标工作的安排：

（1）发放招标文件单位：

（2）发放招标文件时间：＿＿＿年＿＿＿月＿＿＿日起至＿＿＿年＿＿＿月＿＿＿日止，每日上午：＿＿＿，下午：＿＿＿（节假日除外）。

（3）投标地点及时间：

（4）现场踏勘时间：

（5）投标预备会时间：

（6）投标截止时间：＿＿＿年＿＿＿月＿＿＿日＿＿＿时；

（7）开标时间：＿＿＿年＿＿＿月＿＿＿日＿＿＿时；

（8）开标地点：

招标人：（盖章）

法定代表人：（签字、盖章）

地　　址：

邮政编码：

联系人：

电　　话：

日　　期：　　　　年　　月　　日

（4）强制招标项目招标公告的发布

发布招标公告，是保证潜在的投标人获取招标信息的首要工作。为了规范招标公告发布行为，保证潜在投标人平等、便捷、准确地获取招标信息，国家发展计划委员会发布、自2000年7月1日起生效实施的《招标公告发布暂行办法》，对强制招标项目招标公告的发布作出了明确的规定。

①对招标公告发布的监督。国家发展计划委员会根据国务院授权，按照相对集中、适度竞争、受众分布合理的原则，指定发布依法必须招标项目招标公告的报纸、信息网络等媒介（以下简称指定媒介），并对招标公告发布活动进行监督。

指定媒介的名单由国家发展计划委员会另行公告。

②对招标人的要求。依法必须招标项目的招标公告必须在指定媒介发布。招标公告的发布应当充分公开，任何单位和个人不得非法限制招标公告的发布地点和发布范围。招标人或其委托的招标代理机构发布招标公告，应当向指定媒介提供营业执照（或法人证书）、项目批准文件的复印件等证明文件。

招标人或其委托的招标代理机构在两个以上媒介发布的同一招标项目的招标公告的内容应当相同。

③对指定媒介的要求。招标人或其委托的招标代理机构应至少在一家指定的媒介发布招标公告。指定媒介发布依法必须招标项目的招标公告，不得收取费用，但发布国际招标公告的除外。

在指定报纸免费发布的招标公告所占版面一般不超过整版的四十分之一，且字体不小于六号字。指定报纸在发布招标公告的同时，应将招标公告如实抄送指定网络。指定报纸和网络应当在收到招标公告文本之日起七日内发布招标公告。

指定媒介应与招标人或其委托的招标代理机构就招标公告的内容进行核实，经双方确认无误后在规定的时间内发布。指定媒介应当采取快捷的发行渠道，及时向订户或用户传递。

拟发布的招标公告文本有下列情形之一的，有关媒介可以要求招标人或其委托的招标代理机构及时予以改正补充或调整：

a. 字迹潦草、模糊，无法辨认的；

b. 载明的事项不符合本办法第六条规定的；

c. 没有招标人或其委托的招标代理机构主要负责人签名并加盖公章的；

d. 在两家以上媒介发布的同一招标公告的内容不一致的。

指定媒介发布的招标公告的内容与招标人或其委托的招标代理机构提供的招标公告文本不一致，并造成不良影响的，应当及时纠正，重新发布。

2. 资格预审

(1) 资格预审的概念

资格预审，是指招标人在招标开始之前或者开始初期，由招标人对申请参加投标的潜在投标人进行资质条件、业绩、信誉、技术、资金等多方面的情况进行资格审查。只有在资格预审中被认定为合格的潜在投标人（或者投标人），才可以参加投标。如果国家对投标人的资格条件有规定，依照其规定。

(2) 资格预审的目的

①排除不合格的投标人。对于许多招标项目来说，投标人的基本条件对招标项目能否完成具有极其重要的意义。如工程建设，必须具有相应条件的承包人才能按质按期完成。招标人可以在资格预审中设置基本的要求，将不具备基本要求的投标人排除在外。

②降低招标人的采购成本，提高招标工作效率。如果招标人对所有有意参加投标的人都允许投标，则招标、评标的工作量势必会增大，招标的成本也会增大。经过资格预审程序，招标人对想参加投标的潜在投标人进行初审，对不可能中标和没有履约能力的投标人进行筛选，把有资格参加投标的投标人控制在一个合理的范围内，既有利于选择到合适的投标人，也节省了招标成本，可以提高正式开始的招标的工作效率。

③可以吸引实力雄厚的投标人。实力雄厚的潜在的投标人有时不愿意参加竞争过于激烈的招标项目，因为编写投标文件费用较高，而一些基本条件较差的投标人往往会进行恶性竞争。资格预审可以确保只有基本条件较好的投标人参加投标，这对实力雄厚的潜在的投标人是一个吸引。

(3) 资格预审的程序

①资格预审通告。资格预审通告，是指招标人向潜在投标人发出的参加资格预审的广泛邀请。就建设项目招标而言，可以考虑由招标人在一家全国或者国际发行的报刊和国务院为此目的随时指定的这类其他刊物上发表邀请资格预审的公告。资格预审公告至少应包括下述内容：招标人的名称和地址；招标项目名称；招标项目的数量和规模；交货期或者交工期；发售资格预审文件的时间、地点以及发放的办法；资格预审文件的售价；提交申请书的地点和截止时间以及评价申请书的时间表；资格预审文件送交地点、送交的份数以及使用的文字等。

②发出资格预审文件。资格预审公告后，招标人向申请人参加资格预审的申请人发放或者出售资格审查文件。资格预审的内容包括基本资格审查和专业资格审查两部分。基本资格审查是指对申请人的合法地位和信誉等进行的审查，专业资格审查是对已经具备基本资格的申请人履行拟定招标采购项目能力的审查。

③对潜在投标人资格的审查和评定。投标人在规定时间内，按照资格预审文件中规定的标准和方法，对提交资格预审申请书的潜在投标人资格进行审查。审查的重点是专业资格审查，内容包括：施工经历，包括以往承担类似项目的业绩；为承担本项目所配备的人员状况，包括管理人员和主要人员的名单和简历；为履行合同任务而配备的机械、设备以及施工方案等情况；财务状况，包括申请人的资产负债表、现金流量表等。

(4) 投标人必须满足的基本资格条件

资格预审须知中明确列出投标人必须满足的最基本条件，可分为必要合格条件和附加合格条件两类。

①必要合格条件通常包括法人地位、资质等级、财务状况、企业信誉、分包计划等具体要求，是潜在投标人应满足的最低标准。

②附加合格条件视招标项目是否对潜在投标人有特殊要求决定有无。普通工程项目一般承包人均可完成，可不设置附加合格条件。对于大型复杂项目尤其是需要有专门技术、设备或经验的投标人才能完成时，则应设置此类条件。附加合格条件是为了保证承包工作能够保质、保量、按期完成，按照项目特点设定而不是针对外地区或外系统投标人，因此不违背《招标投标法》的有关规定。招标人可以针对工程所需的特别措施或工艺的专长；专业工程施工资质；环境保护方针和保证体系；同类工程施工经历；项目经理资质要求；安全文明施工要求等方面设立附加合格条件。对于同类工程施工经历，一般以潜在投标人是否完成过与招标工程同类型和同容量工程作为衡量标准。标准不应定得过高，否则会使合格投标人过少影响竞争；也不应定得过低，可能让实际不具备能力的投标人获得合同而导致不能按预期目的完成，只要实施能力、工程经验与招标项目相符即可。

3. 招标文件

招标人根据招标项目特点和需要编制招标文件，它是投标人编制投标文件和报价的依据，因此应当包括招标项目的所有实质性要求和条件。招标文件通常分为投标须知、合同条件、技术规范、图纸和技术资料、工程量清单几大部分内容。

4. 现场考察

招标人在投标须知规定的时间组织投标人自费进行现场考察。设置此程序的目的，一方面让投标人了解工程项目的现场情况、自然条件、施工条件以及周围环境条件，以便于编制投标书；另一方面也是要求投标人通过自己的实地考察确定投标的原则和策略，避免合同履行过程中投标人以不了解现场情况为理由推卸应承担的合同责任。

5. 解答投标人的质疑

投标人研究招标文件和现场考察后会以书面形式提出某些质疑问题，招标人应及时给予书面解答。招标人对任何一位投标人所提问题的回答，必须发送给每一位投标人以保证招标的公开和公平，但不必说明问题的来源。回答函件作为招标文件的组成部分，如果书面解答的问题与招标文件中的规定不一致，以函件的解答为准。

（三）决标成交阶段的主要工作

从开标日到签订合同这一期间称为决标成交阶段，是对各投标书进行评审比较，最终确定中标人的过程。包括开标、评标与中标，具体内容详见本书第 4 章：工程项目开标、评标和中标。

2.3 招标文件的编制

招标文件是指导和规范招标投标活动的纲领性文件,是投标人准备投标文件和参加投标的依据,也是招标投标活动当事人的行为准则和评标的重要依据。因此,招标文件在招标活动中具有重要的意义。

2.3.1 招标文件的组成

根据法律规定:招标文件应当包括招标项目的技术要求,对投标申请人资格审查的标准,投标报价要求和评标标准等所有实质性要求和条件以及拟签订合同的主要条款。招标文件内容是示范性的文本,招标人使用时,可结合各地具体情况和工程实际情况,进行适当的调整和修改。

招标文件一般包括以下内容:
(1) 投标须知(包括投标须知前附表);
(2) 协议书(格式);
(3) 合同条款(包括合同通用条款和专用条款两部分);
(4) 工程规范和技术说明;
(5) 工程量清单;
(6) 图纸或图纸清单;
(7) 附件。

2.3.2 适用法规和编制要求

1. 适用法规

招标文件及其投标须知中的各项规定应符合现行有关法律、法规、规章和政府管理规定的要求。所涉及的主要法律、法规、规章和政府管理规定包括:

《中华人民共和国建筑法》;

《中华人民共和国招标投标法》;

《中华人民共和国合同法》;

《中华人民共和国反不正当竞争法》;

《中华人民共和国担保法》;

国务院令 279 号《建设工程质量管理条例》;

国家计委等七部委令第 30 号《工程建设项目施工招标投标办法》;

建设部令第 89 号《房屋建筑和市政基础设施工程施工招标投标管理办法》;

国家计委、建设部等七部委第 12 号令《评标委员会评标办法暂行规定》;

国家计委令第 3 号《工程建设项目招标范围和规模标准规定》;

国发办(2002)21 号《关于健全和规范有形建筑市场的若干意见》;

国家发改委等七部委令第 27 号《工程建设项目货物招标投标办法》等。

2. 编制招标文件必须符合的基本要求

(1) 符合国家有关法律、法规、规章和政府有关管理规定的要求;应基本符合国际惯例；

（2）投标须知前附表的内容应当反映各项招标活动的时间、地点以及主要要求等，应包括工程名称、建设地点、建设规模、承包方式、招标范围、质量和工期要求、投标文件份数、投标有效期、各类担保（如果有）的方式和额度、投标资格要求、勘察现场时间地点、答疑方式、答疑时间地点、截标和开标的时间地点等等；

（3）必须包括主要合同条款（专用条款应当明确、具体）；

（4）一般情况下，应使用国家法定的简体中文且应力求简洁、准确和通俗易懂；

（5）采用菲迪克（FIDIC）合同体系、世界银行贷款项目招标文件示范文本（NCB）等编制招标文件的，一般应使用其最新的版本且应以适用为前提条件；菲迪克（FIDIC）于1999年新推出了以下版本的合同条件：施工合同条件（Conditions of Contract for Construction）用于由发包人负责设计的建筑和工程；生产设备和设计建造（施工）合同条件（Conditions of Contract for Plant and Design-Build）用于由承包人负责设计和施工的电气和机械设备以及建筑和工程；设计采购施工（EPC）/交钥匙合同条件（Conditions of Contract for EPC/Turnkey Projects）；简明合同格式（Short form of Contract）推荐用于资金数额较小的工程。

2.3.3 各项组成文件的内容和编制要求

（一）投标须知

1. 投标须知的主要内容

（1）工程概况（包括招标人名称、设计、咨询、监理（如已选定）等单位的名称）；

（2）资金来源及到位情况；

（3）现场开工条件（三通一平等）；

（4）招标方式；

（5）投标人数量；

（6）投标人资格条件；

（7）联合体投标要求（如果有）；

（8）招标范围；

（9）合同形式；

（10）计划开、竣工日期（分别说明定额工期和计划工期）；

（11）质量标准；

（12）质量奖项（如果有）；

（13）招标文件组成；

（14）招标文件答疑及补充；

（15）招标文件发出条件和日期；

（16）开标、截标的时间和地点；

（17）计量依据和计价原则；

(18) 工程清量单（如果有）的缺、漏、错项修正办法；
(19) 对投标文件的要求（投标报价、施工组织设计等）；
(20) 投标文件封装要求或标准；
(21) 废标条件；
(22) 错误修正；
(23) 投标担保（如果有）的方式及额度；
(24) 投标文件有效期；
(25) 评标办法（一般以附件形式出现）；
(26) 招标结果和中标通知书；
(27) 合同文本；
(28) 其他特别规定。

2. 编制投标须知应遵循的基本要求

(1) 资金来源及到位情况应如实载明；
(2) 给予的做标时间不应短于20天；
(3) 所有补充和答疑文件应经过监督管理机构备案后才能生效并发出；
(4) 投标须知中具有合同约束力的各项规定，应与招标文件其他组成部分中的约定一致；
(5) 要求投标人对招标工程量清单不得修改；
(6) 通常情况下，招标工程应执行最新颁发的预算定额及其配套的计价管理办法；实行固定总价合同形式的招标工程，应明确允许计取合理的总价包干费（风险包干费）以及总价包干费涵盖的风险范围，也可以同时明确免于计取费用的洽商变更的价值范围；以工程量清单形式实行单价合同招标的，不应出现包干要求，但在采用固定单价时，应当允许投标人计取一定的与通货膨胀等风险有关的风险费用（也可称为包干费）；习惯上技术措施费可由投标人根据施工组织设计纳入到开办费或其他直接费中考虑；
(7) 招标文件中不应再出现习惯上的有关降价让利的要求或说法；
(8) 投标人应准备一份投标价格的明细构成分析；
(9) 有获得某类质量奖项要求的，招标文件中应声明，与之有关的费用应包括在投标价格中；
(10) 招标文件中的计划或要求工期不宜少于现行定额工期的85%；有缩短定额工期标准要求的，招标文件应明确；
(11) 投标文件有效期应足够覆盖截标后的评标、决标、签订合同以及根据合同约定提交履约担保（如果有）所需的时间，以便保证在中标人签订承包合同后，未能按合同约定提交履约担保（如果有）时，发包人选择的其他中标人的投标文件仍然在有效期以内；
(12) 工程量计算规则随选择的定额计价体系，选择其他工程量计算规则（包括香港标准工程量计算规则、英国标准工程量计算规则）的，应约定适用的子目划分和相应工料机等实体性消耗的依据标准；
(13) 投标人资格条件不得带有排斥潜在投标人的内容；

(14) 投标须知中应载明投标担保的方式；

(15) 截标时间和开标时间应当一致；

(16) 投标文件的封装要求或标准应当简洁、具体和详细，不易引起歧义，具有较强的实际可操作性，以方便投标人的投标工作；

(17) 招标文件中必须载明详细的评标办法，明确地阐明评标和定标的具体和详细的程序、方法、标准等。

(二) 招标范围介绍

1. 招标范围的界定

(1) 招标的各个分部分项工程；

(2) 招标人供应材料设备（如果有，可以暂估价项目出现）；

(3) 指定分包项目和指定供应的材料设备（如果有，可以暂估价项目出现）；

(4) 招标人另行直接发包工程（如果有，不在招标范围之内，但须说明）。

2. 范围界定时应遵循的原则

(1) 禁止肢解发包，指定分包工程应当是那些需要特殊专业技术、设备或工艺的专业工程；

(2) 指定供应材料设备应当是那些比较特殊的材料设备，指定供应的范畴视具体工程而定；

(3) 指定分包人和指定供应商的选择也应通过招标确定，发包人不应在招标文件中指定具体的单位、品牌等；

(4) 各指定分包工程与总包自行完成的工作范围（结合部）的界定应当清晰明确，方便报价和履约管理；

(5) 招标人直接发包的工程需要本次招标的中标人配合的，应以暂估价形式列出估计的价值和工作内容，以便投标人计算有关的配合协调费用。

(三) 评标办法

招标文件中必须注明将采取的评标办法。通常情况下，建设工程施工招标采取以下两种办法，即：综合评估法或称综合定量评标法和合理低价法。

制定评标办法必须遵循以下原则：

(1) 内容应具体、详细和明确，能够满足评标的需要；

(2) 应说明专家组成及组成途径；

(3) 应能够最大限度地满足招标文件规定的各项综合评价标准；

(4) 对所需施工技术相对简单和比较成熟且规模不大（总建筑面积在2万平方米以内）的一般工程，可以采用合理低价中标的评标办法，其他工程宜优先采用综合定量评标的方法；

(5) 在适用的前提下，招标人可以以标底为基准，设立一个上限，幅度不宜低于3%，超出上限者即失去中标资格；

(6) 实行综合定量评标的，评标办法中应当载明参与评分的各项技术、经济和其他反映投标人实力的因素、评分标准；

(7) 评标办法中应载明判断投标价格是否低于其个别成本的程序、办法、标准等详细的规定；

(8) 钢材、水泥、木材的"三材"指标不再作为定量评分的内容；

(9) 各类荣誉奖项不得作为定量评标的评分内容；

(10) 合理低价应当理解为能够满足招标文件的实质性要求，且不低于个别成本的，经评审的最低的投标价格；同一个招标工程只有一个合理低价；

(11) 招投标结果应当公示：评标办法或投标须知中应当声明，中标结果将在开标后一个具体的时间段后在交易中心及其相关网站上公示5个工作日，请各投标人予以监督，发现任何违法、违规（包括违背招标文件的约定）行为的投标人，可向招投标监督管理机构投诉等类似的说明；

(12) 投标须知或评标办法中应同时申明招投标监督管理机构受理有关招投标工作违法、违规等不当行为或事件的投诉的条件；

(13) 中标候选人不得多于三名，且应有排名次序。使用国有资金投资或国家融资的工程（依法必须实行公开招标的工程），招标人应当选择排名第一的投标人中标，当确定的中标人主动提出放弃中标机会、因不可抗力不能履行合同或不能按合同约定提交履约担保时，招标人依排名次序确定其他中标候选人为中标人。

（四）合同条款

选用示范合同文本的，应根据所选用的文本类别、版本，通过专用条款对合同文本中的通用条款进行补充和修订，招标人也可以自行拟定合同条款；合同条款一般应反映下列内容（不应理解为对具体条款划分的要求）：

1. 定义和解释。
2. 合同文件组成及解释顺序。
3. 进场和开工。
4. 发包人和承包人的一般责任和义务：
(1) 发包人的工作；
(2) 发包人的一般责任和义务；
(3) 承包人的工作；
(4) 承包人的一般责任和义务。
5. 发包人代表和监理工程师：
(1) 发包人代表及其责权；
(2) 监理工程师的责权；
(3) 监理工程师代表。
6. 付款条件：
(1) 按月进度或按节点分期支付；
(2) 预付款；
(3) 竣工结算；
(4) 保留金及其支付；
(5) 违约责任（如支付利息、承包人可决定暂停施工等）。
7. 合同价格及其可调因素：
(1) 合同价格的组成及性质；
(2) 价格（总价或单价）可调或固定；

(3) 价格可调时的调整因素；
(4) 价格可调时的计算办法。

8. 责任和风险：
(1) 扰民和民扰；
(2) 地质条件；
(3) 图纸和图纸供应；
(4) 不可抗力；
(5) 其他主要风险分摊。

9. 担保和保险：
(1) 保险和担保类别；
(2) 保险和担保额度；
(3) 保险和担保的条款约定；
(4) 其他。

10. 变更和索赔：
(1) 洽商和变更指示；
(2) 变更计量办法；
(3) 变更计价办法；
(4) 以工程量清单形式实行单价合同时，缺项和漏项处理办法；
(5) 索赔程序；
(6) 相关约定的主要原则。

11. 质量标准和质量保证体系：
(1) 质量标准；
(2) 质量保证体系；
(3) 违约责任。

12. 工期及工期延长：
(1) 进度计划；
(2) 工期延长的事件或原则；
(3) 工期延长的程序；
(4) 提前竣工；
(5) 拖期责任。

13. 检验和试验。

14. 定位和放线。

15. 安全文明施工和环境保护。

16. 损害赔偿以及奖罚约定：
(1) 损害赔偿的事件及金额计取办法；
(2) 奖罚事件及金额计取办法。

17. 发包人供应（如果有）：
(1) 具体项目及配合责任；
(2) 违约责任。

18. 分包:
(1) 分包条件及总、分包责权;
(2) 分包计划。
19. 指定分包和供应(如果有):
(1) 指定分包和指定供应的项目;
(2) 指定分包人和指定供应商的选择办法;
(3) 指定分包人和指定供应商与分包人的合同关系;
(4) 发包人和承包人双方的责任;
(5) 承包人的权利;
(6) 款项支付。
20. 其他承包人:
(1) 直接发包的项目;
(2) 发包人的责任;
(3) 配合责任和要求。
21. 暂停施工:
(1) 暂停施工;
(2) 长时间暂停施工;
(3) 复工。
22. 合同解除或中止:
(1) 合同自动解除或中止;
(2) 发包人决定中止;
(3) 承包人决定中止。
23. 地下文物。
24. 争议的解决:
(1) 双方协商;
(2) 仲裁;
(3) 向人民法院起诉。
25. 竣工交付和保修期:
(1) 试车;
(2) 保修期符合质量管理条例;
(3) 竣工验收和竣工交付;
(4) 违约责任。
26. 其他。
(五) 工程规范和技术说明
1. 工程规范和技术说明
(1) 关于工程施工的一般要求;
(2) 国家现行的设计和施工验收规范、规程和标准;
(3) 国家强制性标准;
(4) 设计要求(不低于国家强制性标准);

(5) 任何特别要求；

(6) 任何国外标准及优先适用原则（如果有，且应不得低于国家现行适用的标准）。

2. 编制工程规范和技术说明应遵循的要求

(1) 质量等级限于"优良"和"合格"两种；

(2) 工程施工的一般要求应明确约定发包人对承包人的特别要求、与各类非实体性消耗，包括保险、保函、保修、成品保护、现场临时设施、大型机械设备、脚手架、保安和保卫、检验试验、定位放线、安全文明施工、质量奖项、风险分担、技术措施、对指定分包和指定供应商的配合和协调等有关的承包人的责任和义务和相关具体要求，以便投标人报价；

(3) 关于工程施工的一般要求可根据工程规模和工程特点等进行编写，其篇幅应根据工程规模、工程特点以及招标人要求而定，但应达到要求具体明确、能方便投标人报价的程度；

(4) 招标人在本部分中应尽可能给出主要材料设备的规格、质地、质量、色彩等详细的技术要求，以便投标人报价，尽可能减少材料设备暂估价项目的数量；涉及新材料、新技术、新工艺，还应给出详细的施工工艺标准。

(六) 工程量清单

建设部、国家质量监督检验检疫总局于 2003 年 2 月 17 日联合发布，并于 2003 年 7 月 1 日实施的《建设工程工程量清单计价规范》(GB 50500—2003)（以下简称《计价规范》），总则的 1.0.3 条规定"全部使用国有资金投资或国有资金投资为主的大中型建设工程应执行本规范。"

1. 工程量清单的主要内容

按《计价规范》的规定，所谓工程量清单是："表现拟建工程的分部分项工程项目、措施项目、其他项目名称和相应数量的明细清单。"《计价规范》中分别列有清单的封面、总说明及上述三个项目清单的格式表。

(1) 分部分项工程项目清单：包括项目编码、项目名称、计量单位和工程数量；

(2) 措施项目清单：按拟建工程的具体情况参考《计价规范》的表 3.3.1 措施项目一览表列项。

(3) 其他项目清单：根据拟建工程的具体情况，可能有预留金、材料购置费、总承包服务费、零星工作项目费等，不足者亦可由编制人予以补充。

2. 工程量清单编制

(1) 工程量清单由有编制招标文件能力的招标人，或由其委托有相应资质的咨询、项目管理、招标代理机构编制。

(2) 工程量清单作为招标文件的组成部分。

(3) 分部分项工程量清单的项目编码、项目名称、计量单位和工程量计算规则，均按《计价规范》的附录 A、附录 B、附录 C、附录 D、附录 E 的规定统一编制。在上述附录中未包括的项目，编制人可予相应补充，并报省、自治区、直辖市工程造价管理机构备案。

(4) 措施项目清单及其他项目清单可根据工程实际情况参照《计价规范》3.3及3.4条所列内容列项编制。

3. 工程量清单计价

(1) 工程量清单计价应包括招标文件规定,完成工程量清单所列项目的全部费用,包括分部分项工程费、措施项目费,其他项目费和规费、税金。

(2) 工程量清单应采用综合单价计价。分部分项工程量清单、措施项目清单及零星工作项目的金额均应参照《计价规范》规定的综合单价组成确定。招标人其他项目金额估算确定,投标人部分的总承包服务费按招标人提出要求所发生的费用确定。

(3) 招标标底应按省、自治区、直辖市建设行政主管部门制定的工程造价计价办法编制。

(4) 投标报价依据企业定额和市场价格信息,或参照建设行政主管部门发布的社会平均消耗量定额编制。

(5) 因工程量变更需调整综合单价,除合同中另有约定者外,因漏项或设计变更的工程量清单项目,由承包人提出,经发包人确认后作为结算依据;如是工程量清单工程数量有误或设计变更引起数量增减,在合同约定幅度以外的,其增减的剩余部分,亦由承包人提出,发包人确认后,作为结算依据。

除此之外的工程量变更,可由承包人提出索赔要求,与发包人协商确认后,给予补偿。

4. 工程量清单计价格式

(1) 工程量清单计价应采用统一格式,内容包括:封面、投标总价、工程项目总价表、单项工程费汇总表、单位工程费汇总表、分部分项工程量清单计价表、措施项目清单计价表、其他项目清单计价表、零星工作项目计价表、分部分项工程量清单综合单价分析表、措施项目费分析表、主要材料价格表。

(2) 工程量清单计价表应由投标人填写,并应注意按《计价规范》5.2.3条的规定一一填写。

(七) 图纸

图纸清单应列明图纸编号、图纸名称、版本及出图日期等;招标文件报备时,可根据具体工程情况,由招投标监督管理机构决定是否需要报送全套图纸或出示施工图已经过有关部门审查的证明文件;招标文件发出时,必须同时发出全套招标图纸。

(八) 附件

招标文件的附件主要包括:

(1) 投标书及附件格式;

(2) 中标通知书及其附件格式;

(3) 其他招投标活动或签订合同需用的各类格式;

(4) 各类保函格式。

指定招标文件的附件要符合交易习惯;应能满足招投标活动的需要。

中标通知书应采用招标办统一印制的表格,需要以附件形式进行补充的,应在招标文件中约定附件格式。中标通知书格式中须填写的内容（施工招标）包括中标人名称、工程名称、建设地点、建筑面积、中标范围、中标价格、中标工程工期（包括计划开竣工日期）、质量等级、散装水泥用量、合同签订期间及其他招标人认为需要强调的内容（包括目标质量奖项、关键的和重要的合同条款、中标后有关进场、开工等主要后续事项的安排以及详细的中标工程范围、中标价格组成等），都可用附件的形式进行补充。

有关地质勘察报告、施工现场平面图等投标报价所需的技术资料也应作为招标文件的内容在附件中列出或直接附上。

2.4 标底编制

2.4.1 标底概述

《招标投标法》第二十二条第二款规定：招标人设有标底的，标底必须保密。第四十条规定：设有标底的，应当参考标底。《施工招标投标管理办法》第二十一条规定：招标人设有标底的，应当依据国家规定的工程量计算规则及招标文件规定的计价方法和要求编制标底，并在开标前保密。一个招标工程只能编制一个标底。《评标委员会和评标方法暂行规定》第十六条第二款规定：招标人设有标底的，标底应当保密，并在评标时作为参考。

标底是指招标人根据招标项目的具体情况编制的完成招标项目所需的全部费用，是依据国家规定的计价依据和计价办法计算出来的工程造价，是招标人对建设工程的期望价格。标底由成本、利润、税金等组成，一般应控制在批准的总概算及投资包干限额内。

在国外，标底一般被称为"估算成本"（如世行、亚行等）、"合同估价"（如世贸组织《政府采购协议》）；我国台湾省则将其称为"底价"。

2.4.2 标底的作用

《招标投标法》没有明确规定招标工程是否必须设置标底，招标人可根据工程的实际情况自己决定是否需要编制标底。目前，我国建设工程招标活动中，许多都设有标底。设立标底的做法是针对我国目前建筑市场发育状况和国情而采取的措施，是具有中国特色的招标投标制度的一个具体体现。

标底主要有以下两个作用：

（1）标底是招标人发包工程的期望值，是确定工程合同价格的参考依据。

（2）标底是评标委员会评标的参考值，是衡量、评审投标人投标报价是否合理的尺度和依据。

一般情况下，招标人在招标时都设立标底，是因为需要对招标工程的造价做出估计，以便心中有一基本的价格底数，由此也可对投标报价做出理性的判断。标底并不是决定投标能否中标的标准价，只是对投标报价进行评审和比较时的一个参考价。

从竞争角度考虑，价格的竞争是投标竞争的最重要的因素之一，在其他各项条件均满足招标文件要求的前提下，当然应以价格最低的中标。将低于标底的投标排除在中标范围之外，是不符合国际上通行做法的，也不符合招标投标活动公平竞争的要求。从我国目前情况看，一些地方和部门为防止某些投标人以不正当的手段以过低的投标报价抢标，规定对低于标底一定幅度的投标为废标，不予考虑，这种做法需要通过完善招标投标制度，包括严格投标人资格审查制度和合同履行责任制度等逐步加以改变。《招标投标法》既考虑到招标投标应遵循的公平竞争要求，又考虑到我国的现实情况，对标底的作用没有一概予以否定，而是采取了淡化的处理办法，规定作为评标的参考。当然，按照《招标投标法》第四十一条的规定，对低于投标人完成投标项目成本的投标报价，不应予以考虑。

2.4.3 标底编制原则

标底是招标人控制投资、确定招标工程造价的重要手段，工程标底在计算时要力求科学合理、计算准确。标底应当参考国务院和省、自治区、直辖市人民政府建设行政主管部门制订的工程造价计价办法和计价依据以及其他有关规定，根据市场价格信息，由招标单位或委托有相应资质的招标代理机构和工程造价咨询单位以及监理单位等中介组织进行编制。工程标底编制人员应严格按照国家的有关政策、规定，科学、公正地编制工程标底。

标底必须以严肃认真的态度和科学的方法进行编制，应当实事求是，综合考虑和体现招标人和投标人的利益。没有合理的标底可能会导致工程招标的失误，不能实现择优选用工程承包队伍的目的。编制切实可行的标底，真正发挥标底的作用，严格衡量和审定投标人的投标报价，是工程招标工作能否达到预期目标的关键所在。

编制标底应遵循下列原则：

（1）根据国家公布的统一工程项目划分、统一计量单位、统一计算规则以及施工图纸、招标文件，并参照国家、行业或地方批准发布的定额，和国家、行业、地方规定的技术标准规范以及要素市场价格确定工程量和编制标底。

（2）标底作为招标人的期望价格，应力求与市场的实际变化相吻合，要有利于竞争和保证工程质量。

（3）标底应由工程成本、利润、税金等组成，一般应控制在批准的建设项目投资估算或总概算（修正概算）价格以内。

（4）标底应考虑人工、材料、设备、机械台班等价格变化因素，还应包括管理费、其他费用、利润、税金以及不可预见费（特殊情况）、预算包干费、措施费（赶工措施费、施工技术措施费）、现场因素费用、保险等。采用固定价格的还应考虑工程的风险金等。

（5）一个工程只能编制一个标底。

（6）标底编制完成后应及时封存，在开标前应严格保密，所有接触过工程标底的人员都有保密责任，不得泄露。

强调标底必须保密，是因为当投标人不了解招标人的标底时，所有投标人都处于平等的竞争地位，各自只能根据自己的情况提出自己的投标报价。而某些投标人一旦掌握了标底，就可以根据情况将报价订得高出标底一个合理的幅度，并仍然能保证很高的中标概率，从而增加投标企业的未来效益。这对其他投标人来说，显然是不公平的。因此，必须强调对标底的保密。招标人履行保密义务应当从标底的编制开始，编制人员应在保密的环境中编制标底，完成之后需送审的，应将其密封送审。标底经审定后应及时封存，直至开标。在整个招标活动过程中所有接触过标底的人员都有对其保密的义务。

2.4.4 标底的编制依据

《建筑工程施工发包与承包计价管理办法》（中华人民共和国建设部令第107号）第六条规定：招标标底编制的依据为：（一）国务院和省、自治区、直辖市人民政府建设行政主管部门制定的工程造价计价办法以及其他有关规定；（二）市场价格信息。

根据上述规定，目前，我国工程标底的编制主要依据有以下基本资料和文件：

（1）国家的有关法律、法规以及国务院和省、自治区、直辖市人民政府建设行政主管部门制定的有关工程造价的文件、规定。

（2）工程招标文件中确定的计价依据和计价办法，招标文件的商务条款，包括施工合同中规定由工程承包方应承担义务而可能发生的费用，以及招标文件的澄清、答疑等补充文件和资料。在标底计算时，计算口径和取费内容必须与招标文件中有关取费等的要求一致。

（3）工程设计文件、图纸、技术说明及招标时的设计交底，施工现场地质、水文、勘探及现场环境等有关资料以及按设计图纸确定的或招标人提供的工程量清单等相关基础资料。

（4）国家、行业、地方的工程建设标准，包括建设工程施工必须执行的建设技术标准、规范和规程。

（5）采用的施工组织设计、施工方案、施工技术措施等。

（6）工程施工现场地质、水文勘探资料，现场环境和条件及反映相应情况的有关资料。

（7）招标时的人工、材料、设备及施工机械台班等的要素市场价格信息，以及国家或地方有关政策性调价文件的规定。

2.4.5 标底的编制方法

标底的编制，需要根据招标工程的具体情况，如设计文件和图纸的深度、工程的规模和复杂程度、招标人的特殊要求、招标文件对投标报价的规定等，选择合适的类型和编制方法。

《建筑工程施工发包与承包计价管理办法》第五条规定：施工图预算、招标标底和投标报价由成本（直接费、间接费）、利润和税金构成。其编制可以采用以下计价方法：

（1）工料单价法。分部分项工程量的单价为直接费。直接费以人工、材料、机械的消耗量及其相应价格确定。间接费、利润、税金按照有关规定另行计算。

（2）综合单价法。分部分项工程量的单价为全费用单价。全费用单价综合计算完成分部分项工程所发生的直接费、间接费、利润、税金。

根据上述规定，同时考虑与国际惯例靠拢，在我国现阶段的招标工程标底的编制中，采用综合单价法和工料单价法两种方法。

招标工程标底和工程量清单由具有编制招标文件能力的招标人自行编制，也可委托具有相应资质和能力的工程造价咨询机构、招标代理机构编制。标底的编制要正确处理招标人与投标人的利益关系，坚持公平、公正、公开、客观统一的基本原则。

标底的具体编制与投标报价的编制基本相同。标底由编制人单位按严格的程序进行审核、盖章和确认。标底审定后必须及时妥善封存，直至开标时所有接触过标底的人员均负有保密责任，任何人不得泄漏标底。

2.4.6 标底文件的组成

根据编制标底采用的方法不同，标底文件的组成也有所不同。下面，推荐一套标底文件格式，该标底文件是分别按采用综合单价法和工料单价法编制标底而设置的。

（一）采用综合单价法编制标底的文件组成

1. 标底编制说明
2. 标底价格汇总表
3. 主要材料清单价格表
4. 设备清单价格表
5. 工程量清单价格表
6. 措施项目价格表
7. 其他项目价格表
8. 工程量清单项目价格计算表

（二）采用工料单价法编制标底的文件组成

1. 标底编制说明
2. 标底价格汇总表
3. 主要材料清单价格表
4. 设备清单价格表
5. 分部工程工料价格计算表
6. 分部工程费用计算表

以上标底文件的组成，与投标文件商务部分使用的格式基本相同，具体如下：

_____工程施工招标

标 底 文 件

项目编号：_____

项目名称：_____

招 标 人：_____(盖章)

编 制 单 位：_____(盖章)

编 制 人：_____(签字)

日　　　期：_____年_____月_____日

2.4 标底编制

目　　录

（采用综合单价法）

1. 标底编制说明
2. 标底价格汇总表
3. 主要材料清单价格表
4. 设备清单价格表
5. 工程量清单价格表
6. 措施项目价格表
7. 其他项目价格表
8. 工程量清单项目价格计算表

标底编制说明

1. 本标底依据本工程投标须知和合同文件的有关条款进行编制。
2. 工程量清单价格表中所填入的综合单价和合价，均包括人工费、材料费、机械费、管理费、利润、税金以及采用固定价格的工程所测算的风险金等全部费用。
3. 措施项目价格表中所填入的措施项目价格，包括采用的各种措施的费用。
4. 本标底其他项目价格表中填入的其他项目价格，包括工程量清单价格表和措施项目价格表以外的，为完成本工程项目的施工所必须发生的其他费用。
5. 工程量清单价格表中的每一单项均应填写单价和合价，对没有填写单价和合价的项目费用，视为已包括在工程量清单的其他单价或合价之中。
6. 本标底编制采用的币种为＿＿＿＿＿＿＿＿。

标底价格汇总表

表 2-1

（工程项目名称）　　工程

序号	表号	工程项目名称	合计（单位）	备注
一		土建工程分部工程量清单项目		
1				
2				
3				
4				
二		安装工程分部工程量清单项目		
1				
2				
3				
4				
三		施工项目		
四		其他项目		
五		设备费用		
六		总计		

标底价格：（币种、金额、单位）

招标人：　　　　（盖章）

编制人：　　　　（签字或盖章）

日期：　　年　　月　　日

主要材料清单价格表

表 2-2

（工程项目名称）　　　工程　　　　　　共　页　第　页

序号	材料名称及规格	计量单位	数量	价格（单位）		
				单价	合价	
1	2	3	4	5	6	7

招标人：　　　（盖章）

编制人：　　　（签字或盖章）

日期：　　年　　月　　日

设备清单价格表

表 2-3

(工程项目名称)_____工程　　　　　　　　共　页　第　页

序号	设备名称	规格型号	单位	数量	单价(单位)				合价(单位)				备注
					出厂价	运杂费	税金	单价	出厂价	运杂费	税金	合价	
1	2	3	4	5	6	7	8	9	10	11	12	13	14

小计：_____(币种、金额、单位)(其中设备出厂价___单位；运杂费_____单位；税金___单位)

设备价格(含运杂费、税金)合计_____单位，(结转至表2-1)

招标人：　　　(盖章)

编制人：　　　(签字或盖章)

日期：　　年　　月　　日

工程量清单价格表

表 2-4

_____(分部)工程 　　　　　　　　　　　　　共　页　第　页

序号	编号	项目名称	计量单位	工程量	综合单价（单位）	合价（单位）	备注
1	2	3	4	5	6	7	8

合计：_____单位（结转至表2-1）

招标人：　　　　（盖章）

编制人：　　　　（签字或盖章）

日期：　　年　　月　　日

措施项目价格表

表 2-5

_____工程　　　　　　　共　页　第　页

序　号	项　目　名　称	金　额
1		
2		
3		
4		
…		

合计：_____单位（结转至表2-1）

招标人：　　　　（盖章）
编制人：　　　　（签字或盖章）

　　　　　　　　　　　日　期：　年　月　日

其他项目价格表

表 2-6

_____工程　　　　　　　　　　共　页　第　页

序号	项目名称	金额
1		
2		
3		
4		
…		

合计：_____ 单位 （结转至表2-1）

招标人：　　　　（盖章）
编制人：　　　　（签字或盖章）

日期：　　年　　月　　日

工程量清单项目价格计算表

_(分部)_ ___ 工程

表 2-7

共　页第　页

序号	编号	项目名称	计量单位	工程量	工料单价				合价	工料合价				费用			合价	单价	备注
					单价	其中					其中			管理费	利润	税金			
						人工费	材料费	机械费			人工费	材料费	机械费						
					6	7	8	9	10		11	12	13	14	15	16	17	18	19
1	2	3	4	5															
1	(清单项目编号)																		
2	(清单项目编号)																		

合价合计：_____，(各清单项目的单价和合价结转至表 2-4)

投标人：（盖章）

编制人：（签字或盖章）

日期：　年　月　日

目　录

(采用工料单价法)

1. 标底编制说明
2. 标底价格汇总表
3. 主要材料清单价格表
4. 设备清单价格表
5. 分部工程工料价格计算表
6. 分部工程费用计算表

标底编制说明

1. 本标底参考了本工程投标须知和合同文件的有关条款进行编制。
2. 分部工程工料价格计算表中所填入的工料单价和合价，为分部工程所涉及的全部项目的价格，是按照有关定额的人工、材料、机械消耗标准及市场价格计算、确定直接工程费。措施费、间接费、利润、税金和有关文件规定的调价、材料差价、设备价格、现场因素费用、施工技术措施以及采用固定价格的工程所测算的风险金等按现行的计算方法计取，计入分部工程费用计算表中。
3. 本标底中没有填写的项目的费用，视为已包括在其他项目之中。
4. 本标底编制采用的币种为_____。

标底价格汇总表

表 2-8

(工程项目名称)工程　　　　　　　　共　页　第　页

序号	表号	工程项目名称	合计(单位)	备注
一		土建工程分部工程费		
1				
2				
3				
4				
二		安装工程分部工程费		
1				
2				
3				
4				
三		设备费用		
四		其他		
五		总计		

标底价格：(币种、金额、单位)

招标人：　　　(盖章)

编制人：　　　(签字或盖章)

日期：　　年　月　日

主要材料清单价格表

表 2-9

（工程项目名称）工程　　　　　　　　　　　共　页　第　页

序号	材料名称及规格	计量单位	数量	价格（单位）		备注
				单价	合价	
1	2	3	4	5	6	7

招标人：　　　　（盖章）

编制人：　　　　（签字或盖章）　　　　日期：　　年　　月　　日

设备清单价格表

表 2-10

（工程项目名称）工程　　　　　　　　　共　页　第　页

序号	设备名称	规格型号	单位	数量	单价（单位）				合价（单位）				备注
					出厂价	运杂费	税金	单价	出厂价	运杂费	税金	合价	
1	2	3	4	5	6	7	8	9	10	11	12	13	14

小计：_____（币种、金额、单位）（其中设备出厂价____单位；运杂费____单位；税金____单位）

设备价格（含运杂费、税金）合计　　　单位，（结转至表2-8）

招标人：　　（盖章）

编制人：　　（签字或盖章）

　　　　　　　　　　　　　　　　　日期：　　年　月　日

分部工程工料价格计算表

表 2-11

（分部）工程　　　　　　　　　　　　　　　共　页　第　页

序号	编号	项目名称	计量单位	工程量	工料单价				工料合价				备注
					单价	其中			合价	其中			
						人工费	材料费	机械费		人工费	材料费	机械费	
1	2	3	4	5	6	7	8	9	10	11	12	13	14

工料合价合计：＿＿＿＿单位，人工费合计：＿＿＿＿＿单位＿＿＿＿(结转至表2-12)

招标人：　　　（盖章）

编制人：　　　（签字或盖章）

日期：　　年　　月　　日

分部工程费用计算表

表 2-12

（分部）工程　　　　　　　　　　　　　共　　页　第　　页

代码	序号	费用名称	单位	费率标准	金额	计算公式
A	一	直接费				
A1	1	直接工程费				
A1.1						
A2	2	措施费				
A2.1						
B	二	间接费				
B1						
B2						
C	三	利润				
D	四	其他				
D1						
D2						
E	五	税金				
F	六	总计				A+B+C+…+E
合计：		单位，（结转至表2-8）				

投标人：　　　　（盖章）

编制人：　　　　（签字或盖章）

日期：　　年　　月　　日

2.4.7 标底的审查

对于设有标底进行招标的工程,必须重视标底的审查工作,必须认真对待标底,加强对标底的审查,保证标底的准确、严谨、严肃和科学性,否则在招标过程中,标底将起不到应有的作用。

(一)审查标底的目的

审查标底的目的是检查标底的编制是否认真、准确,标底如有漏洞,应予调整和修正。如总价超过概算,应按有关规定进行处理,不得以压低标底作为压低投资的手段。

(二)标底审查的内容

1. 审查标底的计价范围

审查标底的计价范围,包括审查标底的编制是否包括全部的工程范围,是否采用了招标文件规定的计价方法,以及招标文件规定的其他有关条款的要求是否都考虑在标底价格中。

2. 审查标底的计价内容

审查标底的计价内容,包括复核工程量清单项目的工程量,审查标底编制过程中,工程量清单项目的单价、直接费、间接费、有关文件规定的取费、利润、税金,以及主要材料、设备需用数量等计算是否准确。

3. 审查标底的相关费用

审查标底的相关费用,包括审查标底编制中,人工、材料、机械台班的要素市场价格、措施费(赶工措施费、施工技术措施费)现场因素费用、不可预见费(特殊情况)、所测算的在施工周期内人工、材料、设备、机械台班价格的波动风险系数等计取的是否合理。

(三)标底的审查方法

标底审查的方法同预算的审查方法相同,主要包括:全面审查法、标准预算审查法、分组计算审查法、对比审查法、筛选审查法、重点审查法和分解对比审查法等。

1. 全面审查法

全面审查法又称逐项审查法,就是按预算定额顺序或施工顺序,对标底中的项目逐一进行审查的方法。其具体的计算方法和审查过程与编制施工图预算基本相同。此方法的优点是全面、细致,经过审查工程预算差错较少,审查质量较高。缺点是工作量大。因此,对于一些工程量比较小、工艺比较简单的工程,或编制标底的技术力量比较薄弱的工程,可以用全面审查法。

2. 标准预算审查法

对于利用标准图或通用图纸施工的工程,先集中力量,编制标准预算,并以此为标准审查标底的方法。按标准设计图纸和通用图纸施工的工程一般上部结构和做法相同,可集中、细致地审查一份标底,作为这种标准图纸的标准标底,或用这种标准图纸工程量为标准,对照审查,只是对于由于现场施工条件和地质情况不同而做的局部修改进行单独审查即可。这种方法的优点是时间短、效果好、好定案；缺点是只适用于按标准图纸施工的工程，适用范围较小。

3. 分组计算审查法

分组计算审查法是一种加快审查工程量速度的方法。该方法把标底中的工程项目划分为若干组，并把相邻的在工程量计算尚有一定内在联系的项目编为一组，审查和计算同一组中某个分项工程的实物数量，利用它们工程量之间具有相同或相似计算基础的关系，判断同组中其他几个分项工程量计算的准确性。

4. 对比审查法

对比审查法就是用已建成工程的标底和未建成但已建成审查修正的工程标底对比审查拟建的同类标底的一种方法。采用对比审查法要求这两个工程的条件尽量相同。

5. 筛选审查法

筛选审查法也是一种对比方法。建筑工程虽然有面积和高度的不同，但是它们的各个分部分项工程的工程量、造价、用工量在每个单位面积上的数值变化不大，把这些数据加以汇集、优选，找出这些分部分项工程在每个单位建筑面积上的工程量、价格、用工的基本数值，归纳为工程量、造价（价值）、用工三个单方基本值表，并注明其使用的建筑标准。筛选法的优点是简单易懂，便于掌握，审查速度快，发现问题快。但若解决差错问题还需进一步审查。因此，此法适用于住宅工程和不具备全面审查条件的工程。

6. 重点审查法

重点审查法就是抓住工程标底中对工程价格影响大的项目进行重点审查的方法。审查的重点一般是指：工程量大或单价高的各种分部分项工程、补充单位估价表、计取的各项费用（计费基础、取费标准等）。此法的优点是重点突出，审查时间短，效果好。

7. 分解对比审查法

分解对比审查法就是积累历年来各类工程实际造价资料和有关部门的技术经济指标，与要审核的工程标底的有关费用进行比较。这种方法适用于有可比性的同类型工程，一般是采用标准施工图或复用施工图的民用、工业建筑。经分解对比，如二者出入不大，则可以粗审；如出入较大，则要详细审查。

复习思考题

1. 招标投标法对招标人有哪些要求？
2. 试述招标代理机构应具备的条件。
3. 招标有哪几种方式？各自优缺点是什么？
4. 简述招标的程序。
5. 试述招标文件包含的主要内容。
6. 简述标底的概念。
7. 分析两种标底编制方法的异同。
8. 编制标底应遵循的原则。

第 3 章 工程项目投标

学习要点：了解投标前的准备工作内容，熟悉工程项目投标程序及投标策略，掌握工程项目投标文件的编制。

3.1 投标前的准备

投标人应当具备承担投标项目的能力及资格条件。投标是以响应项目的招标条件为前提的，是参与该项目投标竞争的一种经济行为。只有进行充分的准备工作，才可能做出成功决策。投标人是响应招标，参加投标竞争的法人或者其他组织。响应招标，是指投标人应当响应招标人在招标文件中提出的实质性要求和条件。我国《招标投标法》对投标人的要求与招标人相同，从宏观上看，自然人不能作为建设工程项目的投标人。这是由于我国的有关法律、法规对建设工程投标人的资格有特殊要求。在建设工程中，投标人一般应当是独立的法人，其非独立法人组织投标的主要是联合体投标。

3.1.1 查证信息

建筑工程施工投标中首先是获取投标信息，为使投标工作有良好的开端，投标人必须做好查证信息工作。多数公开招标项目属于政府投资或国家融资的工程，在报刊等媒体刊登招标公告或资格预审通告。但是，经验告诉我们，对于一些大型或复杂的项目，如果等到招标公告后再开始做投标准备工作，往往会感到时间仓促，投标处于被动。因此，要提前注意信息、资料的积累整理，提前跟踪项目。获取投标项目信息的方向如下：

（1）根据我国国民经济建设的建设规划和投资方向，近期国家的财政、金融政策所确定的中央和地方重点建设项目和企业技术改造项目计划收集项目信息。

（2）了解计划部门立项的项目，可从投资主管部门、获取建设银行、金融机构的具体投资规划信息；

（3）跟踪大型企业的新建、扩建和改建项目计划；

（4）收集同行业其他投标人对工程建设项目的意向；

（5）注意有关项目的新闻报道。

3.1.2 调查研究

投标人要认真调查研究，通过对获取的项目投标信息分析、查证，对建设工程项目是否具备招标条件及项目业主的资信状况、偿付能力等进行必要的研究，确认信息的可靠性，分析项目是否适合本企业，以便正确地决策。业主进行投标调查研究，包括投标外部环境调查和投标项目内部环境调查研究等。

1. 投标外部环境调查

投标外部环境是指招标工程所在地的政治、经济、法律、社会、自然条件等因素的状况。投标环境直接关系着投标企业的投标报价策略及日后履行合同的盈亏，通过咨询单位、各种媒体、驻外代表机构等多种渠道全面地获取相关信息，深入地进行投标环境调查，客观、准确地把握住投标环境，才能合理地制定投标报价，确保投标及履约的成功。投标环境调查一般从以下方面展开：

（1）政治环境调查

国际项目要调查所在地的政治、社会制度；政局状况，发生政变、内战、暴动等的风险概率；项目所在国与周边国家、地区及投标人所在国的关系。

国内工程主要分析地区经济政策的宽松度，稳定程度；当地政府的开明度，是否是经济开发区、特区等；当地对基本建设有何宏观政策；对建筑工程施工的优惠条件；税收政策等。

（2）经济环境调查

项目所在地经济发展情况；外汇储备情况及外汇支付能力（国际工程）；科学技术发展水平；自然资源状况；交通、运输、通信等基础设施条件等。

（3）市场环境调查

投标人调查市场情况是一项非常艰巨的工作，其内容也非常多，主要包括：建筑材料、施工机械设备、燃料、动力、水和生活用品的供应情况、价格水平，还包括批发物价和零售物价指数的变化趋势和预测，劳务市场情况如工人技术、工资水平、劳动保护和福利待遇规定等，金融市场情况如银行贷款的难易程度及贷款利率等。工程承包市场状况及承包企业的经营水平；对材料设备的市场情况的了解包括原材料和设备的来源方式，购买的成本，来源国或厂家供货情况；材料、设备购买时的运输、税收、保险等方面的规定、手续、费用；施工设备的租赁、维修费用；使用投标人本地原材料、设备的可能性以及成本比较。

（4）法律环境调查

针对国际工程，要调查项目所在国的宪法；民法和民事诉讼法；移民法和外国人管理法。国内工程主要熟悉与工程项目承包相关的经济法、税法、合同法、工商企业法、劳动法、建设法、招标投标法、金融法、仲裁法、环境保护法、城市规划法等。

（5）社会环境调查

项目所在地的社会治安；民俗民风与民族关系；宗教信仰；工会组织及活动等。

（6）自然环境调查

工程所在地的气象，包括气温、湿度、主导风向和风力、年降水量等；地理位置以及地形和地貌；自然灾害如地震、洪水、台风等情况。

2. 投标项目内部环境调查

投标项目的内部环境是指项目具体情况及特点，是决定投标报价的极其重要的微观因素，尽可能详尽而准确地把握投标工程的具体情况及特点，补全并掌握报价所需的各种资料,是投标准备工作中的重要环节。投标项目内部环境调查要研究招标文件、考察踏勘工程现场等。

具体涉及以下诸方面:

(1) 工程项目调查

工程项目方面的情况包括工作性质、规模、发包范围;工程的技术规模和对材料性能及工人技术水平的要求;总工期及分批竣工交付使用的要求;施工场地的地形、地质、地下水位、交通运输、给排水、供电、通讯条件等情况;工程项目资金来源;对购买器材和雇佣工人有无限制条件;工程价款的支付方式、外汇所占比例;监理工程师的资历、职业道德和工作作风等。

(2) 业主情况调查

包括业主的资信情况、履约态度、支付能力、有无拖欠工程款的劣迹、对实施项目的急迫程度等。

(3) 投标人内部调查

投标人对自己内部情况、资料也应当进行归纳整理。这类资料主要用于招标人要求的资格审查和本企业履行项目的可能性。

(4) 竞争对手调查

掌握竞争对手的情况,是投标策略的一个重要环节,也是投标能否获胜的重要因素。投标人在制定投标策略时必须考虑竞争对手情况。

3.1.3 投标决策

投标人通过投标取得项目,是市场经济的必然。但是,每标必投很可能是无谓损失,投标人要想中标,从承包工程中赢利,就需要研究投标决策的问题。

建设工程投标决策的首要任务,是在获取招标信息后,对是否参加投标竞争进行分析、论证,并作出抉择,它是投标决策产生的前提。承包商通常要综合考虑各方面的情况,如承包商当前的经营状况和长远目标,参加投标的目的,影响中标机会的内容、外部因素等。投标决策时,首先要针对项目确定是投标或是不投标,投标的条件包括:承包招标项目的可能性与可行性,即是否有能力承包该项目,能否抽调出管理力量、技术力量参加项目实施,竞争对手是否有明显优势等;招标项目的可靠性,如项目审批是否已经完成、资金是否已经落实等;招标项目的承包条件是否适合本企业;影响中标机会的内部、外部因素等是否对投标有利。

1. 投标性质决策

建设工程投标存在着不同内容的风险。投标人对于风险的态度不同,所以投标的方案可能是保守型、冒险型、经营型,即通常所讲的选择保险标、风险标、赢利标,还是选择保本标。

2. 投标的经济效益决策

投标成本估价的客观准确合理程度,直接关系到施工企业的财务成本的客观补偿和盈利目标的实现,直接影响投标的成败。在确定近期利润率时,应考虑本企业的工程任务饱满程度、近期市场行情等因素。在具体确定某项工程的利润目标时，要预留风险损失费。若确定投标，应根据工程情况，确定投标策略。报什么价（高价、中价、低价），投标中如何采用以长制短、以优胜劣的技巧，投标决策的正确与否，关系到能否中标和中标后的效益；关系到施工企业的发展前景和职工的经济利益。因此，企业的决策班子必须充分认识到投标决策的重要意义。

3.1.4 选择投标代理人

代理制度，在市场经济下的工程承包中极为普遍，能否物色到有能力的、可靠的代理人协助投标人进行投标决策，在一定程度上关系着投标能否成功。可见，承包商根据工程的需要，选择合适的代理人是十分重要的。在国际工程承包投标中，代理人可以是个人，也可以是公司或集团。工程承包商在选择代理人时，必须注意这样两点：第一，所选的代理人一定要完全可靠，有较强的活动能力并在当地有较好的声誉及较高的权威性；第二，应与代理人签订代理协议，根据具体情况，在协议的条文中恰当地明确规定代理人的代理范围和双方的权利、义务。以利双方互相信任，默契配合，严守条约，保证投标各项工作顺利进行。

1. 投标代理人应具备的条件

有精深的业务知识和丰富的投标代理经验；有较高的信誉，代理人应诚信可靠，能尽力维护委托人的合法权益，忠实地为委托人服务；有较强的活动能力，信息灵通；有相当的权威性和影响力及一定的社会背景。

2. 代理协议

物色好代理人后，应及时签订代理协议，代理协议即代理合同，其内容必须包括：双方当事人的权利、责任、义务；代理的业务范围和活动地区；代理活动的有效期限；代理费用及其支付办法；关于特别酬金的规定；双方的违约责任。

委托方还应向代理人颁发委托书，委托书实质上是委托人的授权证书，可参考以下内容拟定：投标人须在其代理人的协助下参与资格预审，包括领取或购买资格预审文件，按要求完成并送交资格预审表；在业主评审投标资格中，要紧密配合投标人，积极进行活动，争取获得投标资格。

3.1.5 成立投标工作机构

投标人在确定对某一项目投标后，为确保在项目的投标竞争中获胜，应立即精心组建投标工作机构，投标工作机构的人员必须诚信、精干且经验丰富，总体上应具有工程、技术、商务、贸易、市场、价格、法律、合同、国际通用语言等方面的专业知识和技能，有娴熟的投标技巧和较强的应变能力。投标工作机构的主要任务一般分为三个部分：第一部分是决策。确定项目的投标报价策略，通常由总经济师或部门经理负责；第二部分是工程技术。主要是妥善地制定项目的施工方案和各种技术措施。一般由总工程师或主任工程师负责；第三部分是投标报价。根据投标工作机构确定的项目报价策略、项目施工方案和各种技术措施，按照招标文件的要求，合理地制定项目的投标报价。

总之，投标工作机构工作质量水平直接关系项目投标的成败和企业的盈亏，投标企业必须慎重组建投标工作机构。

3.1.6 寻求合作伙伴

为了能够顺利地投标承包,一般在下列情况下需要选择合作伙伴:一是招标项目要求"统包"。即要求承包商对项目的勘察设计和施工全面承包,从勘察设计一直到"交钥匙",这就使得一家公司难以胜任,必须寻找合作伙伴,组成"合伙"的形式投标承包;二是招标项目为世界银行贷款的项目。世界银行为鼓励借款国的承包商、制造商的发展,一般在评标时会给予人均收入低于一定水平的借款国(发展中国家)的承包商7.5%的报价优惠,为能有效提高报价的竞争力,可选择借款国当地公司为伙伴,联合报标;三是招标项目所在国将外国公司与本国公司联合作为授标的前提条件时,也须与当地公司联合投标。在选择合作伙伴时,必须就伙伴公司的资信、财务、技术、能力、经验等情况及伙伴公司在当地的地位与社会背景等方面进行深入细致地调查研究,挑选符合以下条件的公司作为合作伙伴:第一是符合招标工程所在国和招标文件对投标人资格条件的有关规定;第二是具备承担招标工程的相应能力及经验;第三是资信可靠,有较好的履约信誉和一定的权威性及影响力。

选定合作伙伴后,应签订好联合投标相关的合作协议,在协议中明确规定合作各方的权利、责任和义务。若中标,合作各方都应就中标项目向招标人承担连带责任。

3.1.7 办理注册手续

国际工程(境外)投标承包还须按招标工程所在国的规定办理注册手续,取得合法地位。

国内施工企业跨境承包也应在当地建设主管部门办理注册手续。在向国际招标工程所在国政府主管部门申请注册时,外国承包商通常应提交以下各项文件:

(1) 营业证书:我国对外承包工程公司的营业证书由国家或省、自治区、直辖市的工商行政管理部门签发。

(2) 企业章程:包括企业的性质(个体、合伙或公司)、资本、业务范围、组织机构、总管理机构所在地等。

(3) 承包商在世界各地的分支机构清单。

(4) 企业主要成员(公司董事会)名单。

(5) 申请注册的分支机构名称和地址。

(6) 企业总管理机构负责人(总经理或董事长)签署的分支机构负责人的委任状,有时还需承包商本国政府出具的与招标工程所在国的互惠证明。

若据规定,待中标后再办理注册手续的外国承包商,申请注册时,除提交上述各项文件外,还应提交招标工程项目业主与申请注册企业签订的工程承包合同、协议或有关证明文件。

3.2 工程项目投标程序

3.2.1 研究招标文件

1. 研究招标文件的具体规定

招标文件各具体的规定往往集中在投标人须知与合同条件里。投标人须知是投标人进行工程项目投标的指南。此文件集中体现招标人对投标人投标的条件和基本要求。投标人必须掌握该文件中招标人关于工程说明的一般性情况的规定；关于投标、开标、评标、决标的时间，投标有效期，标书语言及格式要求等程序性的规定；尤其须把握关于工程内容、承包的范围、允许的偏离范围和条件、价格形式及价格调整条件、报价支付的货币规定、分包合同等实质性的规定，以指导投标人正确地投标。

合同条件是工程项目承发包合同的重要组成部分，是整个投标过程必须遵循的准则。合同条件中关于承发包双方权利、责任、义务的条款，建设期限的条款，人员派遣条款，价格条款，保值条款，支付（结算）条款，保险条款，验收条款，维修条款，赔偿条款，不可抗力条款，仲裁条款等，都直接关系着工程承发包双方利益分配比例，关系投标人报价中开办费、保险费、意外费、人工费等各项成本费用额数以及日后可以索赔的费用额，因此，合同条件是影响投标人的投标策略及报价高低的因素，必须反复推敲。

通过重点研究投标人须知、合同条件等文件，透彻掌握业主对如下事项的具体规定：投标、开标、评标、决标、工程性质、发包范围、各方的责任、工期、价款支付、外汇比例、违约、特殊风险、索赔、维修、竣工、保险、担保、对国内外承包商的待遇差别等。

2. 工程特点及工程量

分析技术规范、图纸、工程量清单等关键文件，准确地把握业主对下列问题的要求：承包人的施工对象，材料、设备的性能，工艺特点，竣工后应达到的质量标准，工程各部分的施工程序，应采用的施工方法，施工中各种计量程序、计量规则、计量标准，现场工程师实验室、办公室及其设备的标准，临时工程，现场清理等。

3. 业主修正与澄清的事项

这些事项主要是指招标文件的差错、含混不清处及未尽事宜等对投标报价产生影响的问题。

3.2.2 踏勘工程现场

根据招标人的安排考察工程现场是为了准确地了解投标工程现场的实际施工条件及报价所需的基本资料。

现场踏勘包括现场调查和现场考察，现场调查是投标决策的重要步骤，没有科学、细致的现场调查，盲目投标只能遭致失败。现场考察是投标人对业主提供的参考资料及招标文件现场情况的核实,特别要强调的是投标人对地质水文参考资料等的理解必须借助现场考察,而且要力求准确无误,否则投标人要自己承担理解地质水文等参考资料偏差造成的投标风险。

(一) 现场调查

这是投标前极其重要的一步准备工作。如果在投标决策阶段对拟投标项目所在地区进行了较为深入的调查研究,则得到招标文件并经过阅读和研究后就只需进行有针对性的补充调查了。否则,应进行全面的调查研究。如果是在国外投标,得到招标文件后再进行调研,则时间是很紧迫的。

(二) 现场考察

招标单位一般在招标文件中要注明现场考察的时间和地点,业主将组织投标人到现场考察。现场考察是投标者必须经过的投标程序。投标者提出的报价单一般被认为是在现场考察的基础上编制报价的。一旦报价单提出之后,投标者就无权因为现场考察不周、情况了解不细或因素考虑不全面而提出修改投标、调整报价或提出补偿等要求。现场考察,既是投标人的权利,也是其职责。因此,投标人在报价以前必须认真地进行施工现场考察,全面地、仔细地调查了解工地及其周围的政治、经济、地理等情况。

在现场考察之前,应结合对投标文件阅读和研究的情况,针对尚不清楚的问题,拟订调研提纲,确定重点要解决的问题,做到事先有准备。通常情况下,业主只组织投标人进行一次工地现场考察。现场考察均由投标者自费进行。如果是国际工程,业主应协助办理现场考察人员出入项目所在国境签证和居留许可证。进行现场考察的内容如下。

1. 自然地理条件

(1) 工程所在地的地理位置、地形、地貌、用地范围;

(2) 气象、水文情况:包括气温、湿度和风力等,年平均和最大降雨量;对于水利和港湾工程,还应明确河水流量、水位、汛期以及风浪等水文资料;

(3) 地质情况:表层土和下层基岩的地质构造及特征,承载能力;地下水情况;

(4) 地震及其设防烈度,洪水、台风及其他自然灾害情况。

总之要分析以上情况对施工的主要影响及其评价。

2. 现场施工条件

(1) 施工场地四周情况:如布置临时设施、生活营地的可能性;

(2) 供排水、供电、道路条件、通信设施现状,引接或新修供排水线路、电源、通信线路和道路的可能性及最近的路线与距离;

(3) 附近供应或开采砂、石、填方土壤和其他当地材料的可能性,并了解其规格、品质和适用性;

(4) 附近的现有建筑工程情况,包括其工程性质、施工方法、劳务来源和当地材料来源等;

(5) 环境对施工的限制:施工操作中的振动、噪声是否构成违背邻近公众利益而触犯环境保护法令,是否需要申请进行爆破的许可;在繁华地区施工时,材

料运输、堆放的限制,对公众安全保护的习惯措施;现场周围建筑物是否需要加固、支护等;

(6) 投标合同段施工现场与其他合同段及与分包工程的关系;

(7) 设备维修条件。

3. 市场情况

(1) 建筑材料、施工机械设备、燃料、动力和生活用品的供应情况,价格水平,过去几年的批发价和零售价指数,以及今后的变化趋势预测;

(2) 劳务市场情况:包括工人的技术水平,工资水平,有关劳动保险和福利待遇的规定,在当地雇用熟练工人、半熟练工人和普通工人的可能性,以及外籍工人是否被允许入境等;

(3) 银行利率和外汇汇率。

4. 其他条件

(1) 交通运输:包括陆地、海运、河运和空运的运输交通情况,主要运输工具的购置和租赁价格;

(2) 编制报价的有关规定:工程所在地国家或地区工程部门颁发的有关利率和取费标准、临时建筑工程的标准和收费;

(3) 工地现场附近的治安情况。

5. 业主情况

(1) 业主的资信情况:主要是了解其资金来源和支付的可靠性;

(2) 履约态度:履行合同是否严肃认真,处理意外情况时是否通情达理,谅解承包商的具体困难;

(3) 能否秉公办事,是否惯于挑剔刁难。

6. 竞争对手情况

了解可能参加投标竞争的公司名称及其与当地合作的公司的名称;了解这些公司的能力和过去几年内的工程承包实绩;了解这些公司的突出的优势和明显的弱点;做到知己知彼,制订出合适的投标策略,发挥自己的优势而取胜。

以上是调查及考察的一般内容,应针对工程具体情况而增删。考察后要写出简洁明了的考察报告,附有参考资料、结论和建议。

3.2.3 标前会议

标前会议是投标中的法定程序。业主通常在组织了现场考察后,召开标前会议。投标人应按照投标须知资料表中写明的时间和地点,派代表出席招标人召开的标前会议。标前会议的目的,是澄清并解答投标人在查阅招标文件和现场考察后,可能提出的涉及投标和合同方面的任何问题。投标人应在标前会议召开以前,以书面的形式将要求答复的问题提交招标人,招标人在会上澄清和解答。参加标前会议时应注意的事项:

(1) 对工程内容范围不清的问题,应提请解释、说明,但不要提出任何修改设计方案的要求。

(2) 如招标文件中的图纸、技术规范存在相互矛盾之处,可请求说明以何者为准，但不要轻易提出修改技术要求。

(3) 对含糊不清、容易产生理解上歧义的合同条款，可以请求给予澄清、解释，但不要提出任何改变合同条件的要求。

(4) 应注意提问的技巧，注意不使竞争对手从自己的提问中获悉本公司的投标设想和施工方案。

(5) 招标人或咨询工程师在标前会议上对所有问题的答复均应发出书面文件，并作为招标文件的组成部分，投标人不能仅凭口头答复来编制自己的投标文件。

3.2.4 提出投标报价策略

在正式计算投标报价之前，必须根据投标调查的结论和相关因素制定合理的报价策略，正确决策该项目投标的总体报价水平及在该项目投标中各个部分的报价水平。影响报价策略的相关因素主要有：

(1) 投标单位承担招标工程的实际能力的估计；
(2) 投标单位对招标工程预期利润的估算；
(3) 投标单位对承担招标工程的风险估计；
(4) 投标单位对参与该项工程投标竞争对手实力的估计；
(5) 投标单位近期的经营状况和目标；
(6) 各种并列投标机会选择的结论等。

3.2.5 确定投标报价

投标报价的确定一般需经过估算工程量、编制报价所需的各种基础资料、汇总计算初步标价、调整修正内部标价、进行盈亏分析、选择拟报标价、作报价的优化与调整，并将其核准为最终投标报价等步骤。

3.2.6 编制报送投标文本

投标文本亦即投标文件，是投标人须知中规定的投标人必须提交的全部投标文件的总称。具体编制方法详见本章第三节的内容。

3.3 投标文件的编制

3.3.1 投标文件的有关规定

1. 《招标投标法》的有关规定

《招标投标法》第二十七条规定：投标人应当按照招标文件的要求编制投标文件。投标文件应当对招标文件提出的实质性要求和条件作出响应。

招标项目属于建设施工的，投标文件的内容应当包括拟派出的项目负责人与主要技术人员的简历、业绩和拟用于完成招标项目的机械设备等。

2. 《施工招标投标管理办法》的有关规定

《施工招标投标管理办法》第二十六条规定：投标文件应当包括下列内容：
（1）投标函；
（2）施工组织设计或者施工方案；
（3）投标报价；
（4）招标文件要求提供的其他材料。

《施工招标投标管理办法》第二十七条规定：招标人可以在招标文件中要求投标人提交投标担保。投标担保可以采用投标保函或者投标保证金的方式。投标保证金可以使用支票、银行汇票等，一般不得超过投标总价的2%，最高不得超过50万元。

投标人应当按照招标文件要求的方式和金额，将投标保函或者投标保证金随投标文件提交招标人。

3.3.2 投标文件格式的内容

在招标文件中，招标人应提供投标文件的格式和要求以便于投标人在统一的要求下编制投标文件，评标更能体现公平的原则。

根据有关规定，投标文件应包括以下三个部分：
1. 投标函部分
2. 商务部分
3. 技术部分

3.3.3 投标文件投标函部分的编制

投标函部分是招标人提出要求，由投标人表示参与该招标工程投标的意思表示的文件，由投标人按照招标人提出的格式，无条件地填写。投标函格式包括下列内容：
（1）法定代表人（或负责人）身份证明书；
（2）投标文件签署授权委托书；
（3）投标函；
（4）投标函附录；
（5）投标保证金银行保函格式（具体格式由担保银行提供）；
（6）招标文件要求投标人提交的其他投标资料（本项无格式）。

（一）法定代表人身份证明书，需要时由招标文件文字提出

法定代表人身份证明书是招标人要求投标人提供其证明法定代表人身份的文件。

在法定代表人身份证明书中的单位名称、性质、成立时间、经营期限等内容应按照在工商行政管理部门领取的法人营业执照中的相关内容填写。投标申请人在工商行政管理部门领取的法人营业执照和在建设行政主管部门领取的资质等级证书上登记的法定代表人的姓名必须一致。若是联合体投标，则联合体各方都要提供其法定代表人的身份证明书。

投标人必须严格按照招标人提供的法定代表人的身份证明书填写，不得有任

何疏忽或错误。更不能对法定代表人的身份证明书进行任何修改。

法定代表人身份证明书编写完成后，必须加盖公章，并填写出具日期。

（二）投标文件签署授权委托书

投标文件签署授权委托书是投标人的法定代表人授权委托他人代表自己签署投标文件的委托证明。根据有关规定，投标申请人的法定代表人可以委托代理人签署投标文件。由委托代理人签字或盖章的投标文件，在投标申请人向招标人提交投标文件时，必须同时提交投标文件签署授权委托书。投标文件签署授权委托书格式，由招标人在招标文件中提供。投标人在填写投标文件签署授权委托书时，必须严格按规定的格式内容填写，签字、盖章必须符合要求，否则投标文件签署授权委托书无效。其内容仅需如实填写清楚投标人的法定代表人姓名和拟授权委托的代表的姓名，承认该委托人全权代表自己所签署的本工程的投标文件的内容，并申明该委托人无转委托权内容，最后投标人的法定代表人和授权委托人分别签字、盖章即可。

法定代表人的姓名、性别、年龄应与法定代表人身份证明书中填写的内容一致。

（三）投标函

投标函是招标文件的重要组成部分，是投标人向招标人发出投标的意思表示，即投标人对招标人招标文件的响应。投标人在研究招标文件的投标须知、合同条款、技术规范、图纸、工程量清单及其他有关文件，并踏勘现场后，向招标人提出的愿意承担招标工程的意思表示的文件。投标函的主要内容包括：投标报价、质量保证、工期保证、履约担保保证、投标担保等。

投标函格式由招标人在招标文件中提供，由投标申请人填写。在提交投标文件时一并提交，投标函是投标文件的核心文件。

第1条是投标人对招标工程提出投标，承诺按招标文件的图纸、合同条款、工程建设标准和工程量清单的条件要求承包招标工程的施工、竣工，并承担任何质量缺陷保修责任，并提出投标报价的条款。需要注意的是在填写投标报价时，应按照招标文件规定的币种，将报价金额的大、小写填写清楚。

第2条是投标人承认已经对全部招标文件进行了审核的条款。

第3条是投标人承认投标函附录是投标函组成部分的条款。

第4条是投标人对施工工期的承诺。

第5条是投标人对提供履约担保的承诺。履约担保分银行保函和担保机构担保书两种形式，具体工程只选择一种。该条需要注意的是担保金额需填写清楚。

第6条是投标人对其投标文件在招标文件规定的投标有效期内有效的承诺。

第7条是投标人承认中标通知书和投标文件是合同文件组成部分的条款。

第8条是投标人对提供投标担保的承诺。该条需要注意的是担保金额需按照招标文件规定的币种填写清楚。

在投标函的最后，需将投标人的名称、单位地址、法定代表人或委托代理人姓名、投标人开户银行、帐号等内容如实填写，并加盖公章。

在投标函里填写的拟招标工程的名称、编号等应与招标公告或投标邀请书中的内容一致，投标报价金额的大写与小写应一致，施工工期应与合同协议书工期一致，履约担保和投标担保的金额应明确。

（四）投标函附录

投标函附录是投标人以表格的形式对投标函中的有关内容和合同条款的实质性内容作出的承诺具体化的意思表示。该表共分5栏，第1栏是序号；第2栏是项目内容，共13项，包括履约保证金、银行保函金额、履约担保书金额、施工准备时间、施工总工期、质量标准、预付款金额、保修期等内容；第3栏是合同条款号；第4栏是约定内容，应按具体要求分别填写；第5栏是备注。

履约保证金：是投标人根据投标函中有关担保的内容和合同条款内的"担保条款"，向招标人提出的担保方式。要明确究竟是采用银行保函方式，还是采用履约担保书方式，以及保证金金额占合同价款的比例。

施工准备时间：是投标人向招标人提出签订合同协议书后，需要施工准备的天数。

误期违约金额：是投标人根据投标函中有关"工期保证"的内容和合同条款内"工程竣工"的条款，以及"违约"条款中向招标人提出的由于投标人在中标后，履行合同过程中，属于中标人（合同承包人）自身原因，不能按照合同协议书约定的竣工日期或招标人（合同发包人）同意顺延的工期竣工，应当承担违约责任的具体违约金额。其计算方法可按每延误一天支付违约金多少元。

误期赔偿费限额：是投标人向招标人提出超误工期赔偿金最高支付的限额。计算方法可以按合同价款的一定比率计算。

提前工期奖：是投标人对招标人提出，如果投标人中标后在履行施工合同过程中，经过采取措施，在保证工程质量的前提下，比合同约定的竣工日期提前竣工，向招标人提出的奖励要求。计算方法可以参照误期违约金的方法。

施工总工期：是投标人对招标文件中的投标须知前附表内招标人提出的施工总工期的承诺。施工总工期是属于施工合同的实质性条款，投标人必须慎重对待。

质量标准：是投标人对招标文件中的投标须知前附表内招标人提出的质量标准的承诺。质量标准也就是质量等级，也是属于施工合同的实质性条款，投标人必须作出郑重的承诺。

工程质量违约金最高限额：是指招标人在招标文件内要求工程质量达到的标准，投标人也按此标准报价，中标后在履行合同过程中，投标人（承包人）不能按合同的约定达到规定的质量标准，投标人（承包人）应向招标人（发包人）支付违金的最高限额。计算方法可以按绝对值或按合同价款的一定比例计算。

预付款金额：本栏按合同条款内，招标人向投标人提出的预付款占合同价款的百分比填写。

预付款保函金额：招标人依据合同规定向投标人支付预付款时，投标人应向招标人提交同等数额的预付款保函。本栏金额应按招标人在合同条款内提出的预付款占合同价款的百分比填写。

工程进度款付款时间：本栏投标人可填写按合同条款约定的时间付款。

竣工结算款付款时间：本栏投标人可填写按合同条款约定的时间付款。

保修期：本栏投标人可填写按工程质量保修书约定的保修期履行。

（五）投标担保银行保函

1. 投标担保银行保函格式

投标担保银行保函是投标人向招标人提供在投标有效期内投标文件有效的保证。投标担保银行保函格式应由担保银行提供。

下面提供一投标担保银行保函格式供参考。

投标担保银行保函

致：(招标人名称)

鉴于(投标人名称)（下列称"投标人"）于_____年_____月_____日参加(招标人名称) 招标工程项目编号为(招标文件编号) 的(工程项目名称) 工程的投标；本银行受投标人委托，承担向你方支付总金额为(币种、金额、单位) (小写) 的责任。

本责任的条件是：如果投标人在投标有效期内收到你要的中标通知书后

（1）不能或拒绝按投标须知的要求签署合同协议书；

（2）不能或拒绝按投标须知的规定提交履约保证金。

只要你方指明产生上述任何一种情况的条件时，则本银行在接到你方以书面形式的要求后即向你方支付上述全部款额，无需你方提出充分证据证明其要求。

本保函在投标有效期后或招标人在这段时间内延长的投标有效期后 28 天内保持有效，若延长投标有效期无须通知本银行，但任何索款要求应在上述投标有效期内送达本银行。

本银行不承担支付下述金额的责任：

（1）大于本保函规定的金额；

（2）大于投标人投标价与招标人中标价之间的差额的金额。

本银行在此确认，本保函责任在投标有效期或延长的投标有效期满后 28 天内有效，若延长投标有效期无须通知本担保人，但任何索款要求应在上述投标有效期内送达本银行。

银行名称：_____（盖章）
银行法定代表或负责人：_____（签字或盖章）
地　　址：_____
邮政编码：_____
日　　期：_____年____月____日

2. 投标担保银行保函编写指南

投标担保银行保函由提供担保的银行编写，并加盖公章，由投标人连同投标文件一并送交招标人。保函中的招标人、投标人以及担保银行的名称填写必须与营业热照的名称一致，招标工程项目名称和编号必须与招标公告或投标邀请书上的一致，担保金额的币种、金额、单位要明确，担保银行的法定代表人或负责人的名称、地址、邮政编码以及签署保函的日期等均应一一填写清楚。

投标人在提交投标担保银行保函后，在整个投标有效期内要特别注意保函内的责任条件和投标须知款没收投标担保的条件。

（六）投标担保书

投标担保书与投标担保银行保函一样，是投标申请人向招标人提供在投标有效期内投标文件有效的保证。所不同的是投标担保银行保函格式应由担保银行提供，投标担保书是由有资格的担保机构出具，由投标申请人连同投标文件一并送交招标人。

与银行保函相同，担保书中的招标人、投标人以及担保机构的名称填写必须和营业执照的名称一致，招标工程名称和编号必须与招标公告或投标邀请书上的一致，担保金额的币种、金额、单位要明确，担保机构的法定代表人或负责人的名称地址、邮政编码以及签署担保书的日期等均应一一填写清楚。

（七）招标文件要求投标人提交的其他投标资料

根据具体招标工程情况的不同，招标人会在招标文件中要求投标人提供一些其他资料。本项无格式要求，需要时由招标人用文字形式提出，投标人根据要求提供即可。

3.3.4 投标文件商务部分编制

投标文件商务部分格式是招标人提出用于投标申请人投标报价的格式。

（一）投标报价方法

《建筑工程施工发包与承包计价管理办法》（中华人民共和国建设部令第107号）第五条的规定：施工图预算、招标标底和投标报价由成本（直接费、间接费）、利润和税金构成。其编制可以采用以下计价方法：

（1）工料单价法。分部分项工程量的单价为直接费。直接费以人工、材料、机械的消耗量及其相应价格确定间接费、利润、税金按照有关规定另行计算。

（2）综合单价法。分部分项工程量的单价为全费用单价。全费用单价综合计算完成分部分项工程所发生的直接费、间接费、利润、税金。

采用综合单价形式的，就是按照工程量清单进行报价的方式；采用工料单价形式的，就是按现行预算方式进行报价的方式。招标人在编制招标文件时，可只选择一种计价方法，编进招标文件中，投标人根据招标人提出的报价方式进行投标报价。

（二）投标报价依据

1. 采用综合单价法时

投标申请人在编制投标报价时的依据如下：

（1）招标文件内有关投标报价的规定及投标报价的说明；

（2）企业报价定额；

（3）市场价格信息（包括劳动力价格、材料设备价格）；

（4）工程量清单内的工程量；

（5）投标策略及技巧。

2. 采用工料单价法时

投标申请人在编制投标报价时的依据如下：

（1）招标文件内有关投标报价的规定及投标报价的说明。

（2）国务院和省、自治区、直辖市人民政府建设行政主管部门制定的工程造价计价办法和计价依据。

（3）企业报价定额。

（4）市场价格信息。

（5）投标策略及技巧。

（三）投标报价编制步骤

招标工程投标报价的编制，如果是在工程招标时施工图设计已经完成，投标报价应按施工图纸进行编制；如果招标时只是完成了初步设计，投标报价只能按照初步设计图纸进行编制；如果招标时只有设计方案，投标报价可用平方米造价指标或单位指标等进行编制。投标报价的编制，除按设计图纸进行费用的计算外，还需考虑图纸以外的费用，包括由合同条件、现场条件、主要施工方案、施工措施等所产生费用的取定，如依据招标文件或合同条件规定的不同要求，选择不同的计价方式；依据不同的工程发承包模式．考虑相应的风险费用；依据招标人对招标工程确立的质量要求和标准、合理确定相应的质量费用；依据招标人对招标工程确定的施工工期要求、施工现场的具体情况，考虑必需的施工措施费用和技术措施费用等。

当施工图设计完成以后，投标报价的编制步骤如下：

1. 准备工作

首先，要熟悉施工图设计及说明。如发现图纸中有问题或有不明确之处，可要求设计单位进行交底、补充，作好记录；其次，要勘察现场，实地了解现场情况及周围环境，以作为确定施工方案，包干系数和技术措施费等有关费用的依据；再次，要了解招标文件中规定的招标范围，材料、半成品和设备的加工订货情况，工程质量和工期要求，物资供应方式等；最后，要进行市场调查，掌握材料、设备的市场价格。

2. 收集编制资料

编制报价需收集的资料和依据，包括招标文件相关条款、设计文件、工程定额、施工方案、现场环境和条件、市场价格信息等。总之，凡在工程建设实施过程中可能影响工程费用的各种因素，在编制报价前都必须予以考虑，收集所有必需的资料和依据，达到报价编制具备的条件。

3. 计算报价

报价应根据所必需的资料，依据招标文件、设计图纸、施工组织设计、要素的市场价格、相关定额以及计价办法等仔细准确地进行计算。

4. 审核报价

计算得到报价以后，应再依据工程设计图纸、特殊施工方法、工程定额、要素市场价格等对报价编制表格进行复查与审核。

总之,编制一个比较理想的工程报价,要把建设工程的施工组织和规划做得比较深入、透彻,有一个比较先进、切合实际的施工规划方案。要认真分析拟采用的工程定额,认真分析行业总体的施工水平和可能前来投标的其他企业的实际水平,比较合理地运用工程定额编制报价。此外,还要分析市场的动态,研究投标策略和技巧,争取编制的投标报价具有竞争性。

(四)采用综合单价形式的商务部分编制

1. 采用综合单价形式的商务部分格式的内容

采用综合单价形式的商务部分报价,就是采用招标人在招标文件中提供的工程量清单进行的投标报价。其内容包括下列内容:

(1) 投标报价说明
(2) 投标报价汇总表(表3-1);
(3) 主要材料清单报价表(表3-2);
(4) 设备清单报价表(表3-3);
(5) 工程量清单报价表(表3-4);
(6) 措施项目报价表(表3-5);
(7) 其他项目报价表(表3-6);
(8) 工程量清单项目价格计算表(表3-7);
(9) 投标报价需要的其他资料。

2. 投标报价说明的编写

投标报价说明

(1) 本报价依据本工程投标须知和合同文件的有关条款进行编制。

(2) 本工程量清单报价表中所填入的综合单价和合价,均包括人工费、材料费、机械费、管理费、利润、税金以及采用固定价格的工程所测算的风险金等全部费用。

(3) 本措施项目报价表中所填入的措施项目报价,包括采用的各种措施的费用。

(4) 本其他项目报价表中所填入的其他项目报价,包括工程量清单报价表和措施项目报价表以外的,完成本工程项目的施工所必须发生的其他费用。

(5) 本工程量清单报价表中的每一单项均应填写单价和合价,对没有填写单价和合价的项目费用已包括在工程量清单的其他单价或合价之中。

(6) 本报价的币种。

(7) 投标人应将投标报价需要说明的事项,用文字书写与投标报价表一并报送。

投标报价说明是投标人对投标文件商务部分的解释和说明,主要是告知投标报价的编制依据、费用构成、报价所采用的货币以及其他需要说明的问题的。

第1条是投标人说明提交的报价的编制依据的条款。

第2条是投标人说明提交的报价中的综合单价和合价已包括了施工所发生的全部费用的条款。

第3条是说明措施项目的报价,已经包括了施工所可能采取的各种措施所发生的费用的条款。

第 4 条与第 3 条相类似,是说明其他项目报价中,包括了施工所可能采取的工程量清单项目报价和措施项目报价以外的其他各种项目所发生的费用的条款。

第 5 条是招标人要求投标人说明在提交的报价中,对没有填写价格的项目的费用,视为已经包括在工程量清单的其他项目内,不能另计。

第 6 条是招标人要求投标人说明此次提交报价的币种,如以人民币报价就填写人民币,如以其他币种报价就填写其他相应的币种。

第 7 条是招标人要求投标人应将投标报价需要说明的其他事项,用文字形式书写并与投标报价表一并报送,做为投标报价的组成部分。

3. 投标报价表格的编制

采用综合单价法招标的工程,招标人在招标文件内应提供工程量清单、主要材料清单和设备清单,投标申请人根据招标人提出的工程量清单计算报价,具体计价方法如下:

(1) 将招标人提供的工程量清单的有关内容填入工程量清单项目价格计算表(表 3-7)。将清单项目编号填入第 2 栏,将清单项目名称填入第 3 栏,将清单项目计量单位填入第 4 栏,将清单项目工程量填入第 5 栏;

(2) 根据投标人自己的企业定额以及投标人掌握的人工材料和机械台班单价等计价依据(没有企业定额的,可参考国家定额、行业或地方定额)计算各项目的人工(第 7 栏)、材料(第 8 栏)和机械费用(第 9 栏),然后将人工、材料、机械费用相加(7+8+9)得出工料单价(第 6 栏),并用工程量乘以工料单价(5×6),计算出清单项目的工料合价(第 10 栏),并分别将人工、材料、机械合价填入第 11 (5×7)、12 (5×8)、13 (5×9) 栏;

(3) 根据企业内部的有关规定,计算清单项目的管理费(第 14 栏),计算清单项目的利润(第 15 栏)和税金(第 16 栏)。管理费、利润和税金的计算、均以工料合价(第 10 栏)或者人工费(第 7 栏)为基础;

(4) 将清单项目的工料合价、管理费、利润和税金相加(10+14+15+16),得出清单项目的合价,填入第 17 栏;

(5) 用清单项目的合价除以清单项目的工程量(17/5),得出清单项目的综合单价,填入第 18 栏;

(6) 将工程量清单项目的价格计算表(表 3-7)中的分部工程各项目的单价和合价结转至工程量清单报价表(表 3-4),并将所有清单项目合价相加,得出分部工程的工程量清单项目报价合计;

(7) 将各分部工程的工程量清单报价合计(表 3-4)结转至投标报价汇总表(表 3-1);

(8) 将完成分部工程施工拟采用的每项措施的报价分别填入表 3-5,合计得出分部工程的措施项目报价;

(9) 将措施项目报价合计(表 3-5)结转至投标报价汇总表(表 3-1)的相应栏目内;

(10) 将完成分部工程施工拟采用的其他项目的报价分别填入表 3-6,合计得出分部工程的其他项目报价合计；

(11) 将其他项目报价合计（表 3-6）结转至投标报价汇总表（表 3-1）的相应栏目内；

(12) 设备清单报价表（表 3-3）是招标人要求投标人采购供应本招标工程涉及的设备。本表的序号、设备名称、规格型号、单位和数量各栏由招标人填写。单价和合价由投标申请人报价。计算出设备报价合计，结转至投标报价汇总表（表 3-1）的相应栏目内；

(13) 将投标报价汇总表（表 3-1）的一、二、三、四、五相加，即得出投标总报价。

除上述工程量清单及报价表格之外，招标人在招标文件内，还应提供主要材料清单报价表（表 3-2），该表是投标申请人计算工程报价时，计算材料费采用的主要材料价格。该表由投标人填写。

至此，一个完整的采用综合单价形式的投标文件商务部分就编制完成了。编制招标文件时，招标人如果认为有必要，还可以增加涉及工程报价的任何辅助表格，投标人只需按照招标文件提供的格式要求进行编制即可。

(五) 采用工料单价形式的商务部分编制

1. 采用工料单价形式的商务部分的内容

采用工料单价形式的商务部分报价，就是采用现行预算的方式进行投标报价，其内容包括下列内容：

(1) 投标报价说明；

(2) 投标报价汇总表（表 3-1）；

(3) 主要材料清单报价表（表 3-2）；

(4) 设备清单报价表（表 3-3）；

(5) 分部工程工料价格计算表（表 3-8）；

(6) 分部工程费用计算表（表 3-9）；

(7) 投标报价需要的其他资料。

2. 投标报价说明的编写

投标报价说明

(1) 本报价参考了本工程投标须知和合同文件的有关条款进行编制。

(2) 分部工程工料价格计算表中所填入的工料单价和合价，为分部工程所涉及的全部项目的价格，是按照有关定额的人工、材料、机械消耗标准及市场价格计算、确定直接费。间接费、利润、税金和有关文件规定的调价、材料差价、设备价格、现场因素费用、施工技术措施费以及采用固定价格的工程所测算的风险金等按现行的计算方法计取，计入分部工程费用计算表中。

(3) 本报价中没有填写的项目的费用，视为已包括在其他项目之中。

(4) 本报价的币种。

(5) 投标人应将投标价需要说明的事项，用文字书写与投标报价表一并报送。

第 1 条是招标人要求投标人说明提交的报价的编制依据的条款。

第 2 条是招标人要求投标人说明提交的报价中的工料单价和合价已包括了施

工所发生的全部费用。

第 3 条是招标人要求投标申请人说明在提交的报价中，对没有填写价格的项目的费用，视为已经包括在工程量清单项目报价表的其他项目内，不能另计。

第 4 条是招标人要求投标申请人说明此次提交报价的币种，如以人民币报价就填写人民币，如以其他币种报价就填写其他相应的币种。

第 5 条是招标人要求投标申请人应将投标报价需要说明的其他事项，用文字形式书写并与投标报价表一并报送，做为投标报价的组成部分。

3. 投标报价表格的编制

（1）根据招标人提供的工程概况、项目图纸等资料，由投标人计算得出分部工程的分项工程量等有关内容，填入分部工程工料价格计算表（表 3-8）。在编号栏（2）填入所采用的定额项目号，将项目名称填入第 3 栏，将项目计量单位填入第 4 栏，将经过计算得出子目工程量填入第 5 栏；

（2）根据有关计价依据（国家定额、行业或地方定额、企业定额）计算分部分项工程的工料合价。将相关定额子目的直接费填入第 6 栏，将其中人工、材料和机械费分别填入第 7、8、9 栏，然后用工程量乘以工料单价（5×6），计算出分部分项工程的工料合价（第 10 栏），并分别将人工、材料、机械合价填入 11（5×7）、12（5×8）、13（5×9）栏，然后将各分项工程的合价相加，计算得出分部工程工料合价合计和人工费合计；

（3）将分部工程的工料合价填入分部工程费用计算表（表 3-9）中的直接费，根据有关工程计价的规定计算间接费、利润和税金等各项费用，合计得出分部工程的报价总额。

（4）将分部工程的报价总额结转至投标报价汇总表（表 3-1）；

（5）设备清单报价表（表 3-3）是招标人要求投标申请人采购供应工程涉及的设备。本表的序号、设备名称、规格型号、单位和数量各栏由招标人填写。单价和合价由投标申请人报价。计算出设备报价总额，填入投标报价汇总表（表 3-1）设备费用内；

（6）将分部工程费用计算表（表 3-7）里未包括的政策性文件规定费用、技术措施费、大型机械进出场费、风险费等其他费用填入投标报价汇总表（表 3-1）其他栏内；

（7）将投标报价汇总表（表 3-1）的一、二、三、四、五相加，即得出投标总报价。

除上述工程量清单及报价表格之外，招标人在招标文件内，还应提供主要材料清单报价表（表 3-2），该表是投标申请人计算工程报价时，计算材料费采用的主要材料价格。该表由投标人填写。

至此，一个完整的采用工料单价形式的投标文件商务部分就编制完成了。编制招标文件时，招标人如果认为有必要，还可以增加涉及工程报价的任何辅助表格，投标人只需按照招标文件提供的格式要求进行编制即可。

3.3.5 投标文件技术部分编制

投标竞争不仅表现在价格上，技术管理包括投标申请人组织管理能力、质量保证、安全施工措施等方面也是投标竞争的重要内容。招标人在招标文件内提出投标文件技术部分格式,就是要求投标申请人通过填写这些文件,反映出投标申请人在技术管理上的能力,作为评审其能否中标的重要依据。

(一)投标文件技术部分格式的内容

投标文件技术部分格式包括下列内容:

1. 施工组织设计
2. 项目管理机构配备情况
3. 拟分包项目情况

(二)施工组织设计

1. 施工组织设计内容

(1)投标人应编制施工组织设计,包括招标文件规定的施工组织设计基本内容。编制具体要求是:编制时应采用文字并结合图表形式说明各分部分项工程的施工方法;拟投入的主要施工机械设备情况、劳动力计划等;结合招标工程特点提出切实可行的工程质量、安全生产、文明施工、工程进度、技术组织措施,同时应对关键工序、复杂环节重点提出相应技术措施,如冬雨期施工技术措施、减少扰民噪声、降低环境污染技术措施、地下管线及其他地上地下设施的保护加固措施等。

(2)施工组织设计除采用文字表述外应附下列图表。

1)拟投入的主要施工机械设备表(表3-10);
2)劳动力计划表(表3-11);
3)计划开、竣工日期和施工进度网络图(表3-12);
4)施工总平面图(表3-13);
5)临时用地表(表3-14)。

2. 施工组织设计编写

施工组织设计是指导招标工程施工全过程中各项活动的技术、经济和组织管理的综合性文件。招标人在投标须知中提出了施工组织设计应包括的内容,并在投标文件技术部分内提出施工组织设计编制的主要内容,投标人应按招标人要求用详细的文字和相应的图表,认真编好施工组织设计,以达到招标人的满意。

施工组织设计应按照招标文件和施工技术规范的要求,并结合施工现场和工程情况进行编制,所编制的施工组织设计或施工方案内容应全面、详细,清楚地阐述各分部分项专业工程的施工方法,使施工组织设计科学合理,并切实可行。

(1)施工组织设计的编制要求

1)编制时应采用文字并结合图表形式说明各分部分项工程的施工方法;
2)拟投入的主要施工机械设备情况、劳动力计划等;
3)结合招标工程特点提出切实可行的工程质量、安全生产、文明施工、工程进度、技术组织措施,同时应对关键工序、复杂环节重点提出相应技术措施,如冬雨期施工技术措施、减少扰民噪声、降低环境污染技术措施、地下管线及其他地上地下设施的保护加固措施等。

(2)施工组织设计的内容

施工组织设计应包括以下主要内容:

1) 综合说明或概述;
2) 施工现场的平面布置和临时设施布置;
3) 各分部分项工程的完整的、详细的施工方法;
4) 各分部分项专业工程的施工进度计划;计划开、竣工日期,工程总进度控制;
5) 施工机械设备的使用计划;
6) 建筑材料的进场计划;
7) 临时占道或施工现场道路布置;
8) 冬、雨季施工措施和防护措施;
9) 地下管线及其他地上、地下周围设施或建筑物的防护措施;
10) 各分项工程质量保证措施、安全施工的组织措施;
11) 保证安全施工和文明施工,环境保护减少扰民、降低环境污染和噪声防护措施;
12) 施工现场维护措施。

(3) 施工组织设计附表(图)

施工组织设计除文字表述外,应附下列图表说明:
1) 拟投入的主要施工机械设备表(表 3-10);
2) 劳动力计划表(表 3-11);
3) 计划开、竣工日期和施工进度网络图(表 3-12);
4) 施工总平面图(表 3-13);
5) 临时用地表(表 3-14)。

(4) 主要施工方法

要求投标申请人提出在主要工程项目上拟采用的施工方法。投标申请人在确定施工方法时要兼顾技术工艺的先进性和经济上的合理性。包括冬、雨期施工措施和拟投入的主要工具性材料,如脚手架、模板等。

(5) 确保工程质量的技术组织措施

工程质量是投标竞争的一个非常重要的内容。投标申请人必须按照招标人的要求,从投入的人力、物资和机械设备方面,从施工工艺过程方面,以及竣工工程方面提出强有力的质量保证措施。质量保证措施应包括施工全过程质量保证措施,质量因素的全面质量保证措施和施工过程形成的质量保证措施等。

(6) 确保安全生产的技术组织措施

建筑工程施工现场是多工种立体作业,工人密集,机械设备和材料集中,存在着多种不安全和危险因素。因此,招标人在招标文件中要求投标申请人必须提出严密的、细致的安全生产技术组织措施。安全生产技术组织措施应包括:施工安全责任制度的建立,安全规程的贯彻措施,安全检查措施,安全保护措施,劳动防护措施以及安全生产教育措施等。

(7) 确保文明施工的技术组织措施

建筑工程多数是在露天作业,对周围环境影响很大,特别是在城市内进行施工,容易影响市容、市貌或造成环境污染。因此,招标人在招标文件中要求投标申请人必须提出文明施工的技术措施，其中包括保持施工现场场容、场貌的整洁、现场周围设立围护设施，建立现场防火管理制度，以及控制施工现场的各种粉尘、废气、废水、固体废弃物对环境的污染，采取有效措施控制建筑施工噪声，避免或减轻扰民等。

(8) 保工期的技术组织措施

为了确保招标工程按招标人提出的工程工期，招标人在招标文件中要求投标申请人按表3-12计划开、竣工日期和施工进度网络图，绘制关键线路网络图（或横道图），以保证施工按进度图实施，确保竣工工期。

(9) 拟投入的主要施工机械设备表的编写

投标申请人除按招标文件提供的表3-10投入的主要施工机械设备表，认真填写投入拟招标工程所需的主要施工机械设备外，还要把施工机械设备根据施工进度、进场时间用文字或表格加以说明。投标申请人在选择施工机械设备时，应使主导机械性能既能满足工程施工的需要，又能发挥其效能；对于辅助机械，其性能应与主导机械设备相适应，以充分发挥施工机械设备的工作效率。

拟投入的主要施工机械设备表中应填列机械或设备名称、型号规格、数量、国别产地、制造年份、额定功率（kW）、生产能力、用于施工部位以及其他需要备注的情况等内容。

(10) 劳动力计划表的编写

投标申请人应按照招标文件提供的表3-11动力计划表，提出按施工阶段投入的分工种的劳动力计划。劳动力计划表中应区分不同工种，按工程施工阶段投入劳动力情况分别填列劳动力计划。投标申请人应以每班八小时工作制为基础，按表中所列格式提交包括分包人在内的估计劳动力计划。

(11) 计划开、竣工日期和施工进度网络图的编写

投标人应提交的施工进度网络图或施工进度表，说明按招标文件要求的工期进行施工的各个关键日期。中标的投标人还应按合同条件有关条款的要求提交详细的施工进度计划。

施工进度表可采用网络图（或横道图）表示，说明计划开工日期和各分项工程各阶段的完工日期和分包合同签订的日期。

施工进度计划应与施工组织设计相适应。

(12) 施工总平面图的编写

施工总平面图是把招标工程组织施工的主要活动和设施描绘在一张总图上，作为现场平面管理的依据。投标申请人应按照招标文件要求绘制施工总平面图，绘出现场临时设施布置图表并附文字说明，说明临时设施、加工车间、现场办公、设备及仓储、供电、供水、卫生、生活等设施的情况和布置。工期较长的工程还要根据不同施工阶段对总平面布置图进行调整，这些都需要用文字加以说明。

(13) 临时用地表的编写

在狭小的施工现场施工时，往往需要占用总平面图以外的地点堆放材料、设备或搭建临时设施。招标人要求投标申请人按表3-14临时用地表的要求，提出临时用地规划，编制临时用地面积和用地时间，以便于招标人向有关主管部门办理

申请用地手续。

临时用地表中包括用途、面积、位置、需用时间等内容，投标申请人应逐项填写，填出全部临时用地面积以及详细用途。若表不够用，可加附页。

投标人应按招标人要求用详细的文字和相应的图表，认真编好施工组织设计，以达到招标人的满意。

（三）项目管理机构配备情况

房屋建筑和市政基础设施工程施工由于它本身的特点，较易受到内外各种因素的影响，管理工作十分复杂，涉及到工程技术、工期、质量、安全、成本、材料、设备、合同等诸多方面的管理，以及内外协调工作，因此，招标人要求投标申请人必须配备一个项目管理机构，有条不紊地管理工程各项工作。

1. 项目管理机构配备情况内容

（1）项目管理机构配备情况表（表3-15）；

（2）项目经理简历表（表3-16）；

（3）项目技术负责人简历表（表3-17）；

（4）项目管理机构配备情况辅助说明资料（表3-18）。

2. 项目管理机构配备情况编写

（1）项目管理机构配备情况表（表3-15）

招标人在招标文件内提供表3-15项目管理机构配备情况表，投标申请人应将招标工程施工现场重要或关键管理岗位的人员按要求如实填写，使招标人确信投标申请人有强有力的组织，保证合同的履行，完成工程任务。

项目管理机构配备情况表包括构成管理机构的人员的职务、姓名、职称、执业或职业资格证书情况以及已承担的在建工程的情况。投标申请人应如实填写该表，并保证一旦中标，将实行项目经理负责制，保证并配备上述项目管理机构。上述填报内容真实，若不真实，愿按有关规定接受处理。项目管理班子机构设置、职责分工等情况应另附资料说明。

（2）项目经理简历表（表3-16）

招标人在招标文件内提供表3-16项目经理简历表，项目经理是受投标申请人法定代表人的委托，对工程项目施工全过程全面负责的项目管理者，是能否按合同履行全面义务的关键人物。投标申请人应按招标人要求选派掌握建筑施工技术知识、经营管理知识和法律知识，具有较强的决策能力、组织能力、指挥能力和应变能力，并有丰富的管理工程项目经验的人员，填入本表。

项目经理简历表包括拟任项目经理的姓名、性别、年龄、职称、担任项目经理的年限、项目经理资格证书编号等基本情况，还包括作为项目经理承担的在建或已完工程项目情况，如在建或已完工程项目的建设单位、项目名称、建设规模、开、竣工日期、工程质量等情况的具体描述。拟任项目经理的施工经历将会是招标人确定中标人的重要依据之一，所以投标申请人须认真对待。

（3）项目技术负责人简历表（表3-17）

招标人在招标文件内提供表3-17项目技术负责人简历表，项目技术负责人，一般是指项目总工程师，是项目技术管理，特别是在保证工程质量方面的关键人物。投标申请人应按招标工程的性质，选派专业对口，有丰富施工经验的人员，填入本表。

项目技术负责人简历表与项目经理简历表的内容基本相同，投标申请人也应认真对待。

(4) 项目管理机构配备情况辅助说明资料（表 3-18）

招标人要求投标申请人提供项目管理机构配备情况辅助说明资料的目的是想进一步了解投标申请人的项目管理机构的具体情况，如项目管理机构如何设置，是矩阵式还是直线职能制，项目管理机构各职能部门如何分工，责任制如何建立，以及投标申请人认为有必要提供涉及这方面的资料等。由于工程规模不同，项目管理机构设置也会不同。因此表 3-18 内容不做统一规定，由投标申请人根据具体工程情况，使用图表或用文字向招标人提供这方面的情况。

(四) 项目拟分包情况

根据法律规定：投标申请人根据招标文件载明的项目实际情况，拟在中标后将中标项目的部分非主体、非关键性工作进行分包的，应当在投标文件中载明。按照这一规定，招标人在招标文件内提供表 3-19 目拟分包情况表，由投标申请人将拟分包的工程项目填入本表。分包工程的每一分包人均应填写此表。

项目拟分包情况表中包括分包人名称、地址、法定代表人、营业执照号码、资质等级证书号码、拟分包的工程项目的情况、已完成的类似工程情况等内容，投标申请人同样应如实填写。

(五) 替代方案和报价招标人在投标须知内允许投标申请人提交投标文件替代方案时，投标申请人应按投标须知条的要求编制替代方案，并就替代方案进行报价。替代方案应采用原方案的格式进行编制和进行报价。

投标报价汇总表

表 3-1

(工程项目名称)工程　　　　　　　　共　页　第　页

序号	表号	工程项目名称	合计(单位)	备注
一		土建工程分部工程量清单项目		
1				
2				
3				
4				
二		安装工程分部工程量清单项目		
1				
2				
3				
4				
三		措施项目		
四		其他项目		
五		设备费用		
六		总计		

投标总报价：(币种、金额、单位)

投标人：　　　　(盖章)
法定代表人或委托代理人：　　(签字或盖章)

日期：　年　月　日

主要材料清单报价表

表 3-2

（工程项目名称）工程　　　　　　　　　　　共　页　第　页

序号	材料名称及规格	计量单位	数　量	报价（单位）		备注
				单价	合价	
1	2	3	4	5	6	7

投标人：　　　　　（盖章）
法定代表人或委托代理人：（签字或盖章）

日期：　年　月　日

设备清单报价表

表 3-3

___(工程项目名称)工程　　　　　　　　　　共　页　第　页

序号	设备名称	规格型号	单位	数量	单价(单位)				合价(单位)				备注
					出厂价	运杂费	税金	单价	出厂价	运杂费	税金	合价	
1	2	3	4	5	6	7	8	9	10	11	12	13	14

小计：___(币种，金额，单位)(其中设备出厂价____；运杂费____；税金____)

设备报价(含运杂费、税金)合计 (币种，金额，单位)(结转至表3-1)

投标人：　　　　　(盖章)
法定代表人或委托代理人：(签字或盖章)

日期：　年　月　日

工程量清单报价表

表 3-4

（工程项目名称）工程　　　　　　　　共　页　第　页

序号	编号	项目名称	计量单位	工程量	综合单价（单位）	合价（单位）	备注
1	2	3	4	5	6	7	8

合计：（币种，金额，单位）（结转至表3-1）

投标人：　　　　　（盖章）
法定代表人或委托代理人：（签字或盖章）

日期：　年 月 日

措施项目报价表

表 3-5

（工程项目名称）工程　　　　　　　　　　共　页　第　页

序号	项目名称	金额
1		
2		
3		
4		
…		

合计：（币种，金额，单位）（结转至表3-1）

投标人：　　　　　（盖章）
法定代表人或委托代理人：（签字或盖章）

日期：　年　月　日

其他项目报价表

表 3-6

（工程项目名称）工程　　　　　　　　共　页　第　页

序号	项目名称	金额
1		
2		
3		
4		
…		

合计：（币种，金额，单位）（结转至表3-1）

投标人：　　　　　　（盖章）
法定代表人或委托代理人：（签字或盖章）

日期：　年　月　日

3.3 投标文件的编制

工程量清单项目价格计算表

表 3-7

(工程项目名称) 工程　　　　　　　　　　　　　　　　　　　　　　　　　　共　　页　第　　页

序号	项目编号	项目名称	计量单位	工程量	工料单价					合价	工料合价				费用			合价单价	备注
					单价	其中					人工费	其中			管理费	利润	税金		
						人工费	材料费	机械费				材料费	机械费						
1	2	3	4	5	6	7	8	9		10	11	12	13		14	15	16	17	18	19
1	(清单项目编号)																		
2	(清单项目编号)																		

合价合计：　(币种，金额，单位)　(各清单项目的单价和合价结转至表3-4)

投标人：　　　　　　　　(盖章)

法定代表人或委托代理人：　　　　　　　　(签字或盖章)

日期：　　　年　　月　　日

分部工程工料价格计算表

表 3-8

_____(分部)_____工程　　　　　　　　　　　　共　页　第　页

序号	编号	项目名称	计量单位	工程量	工料单价				工料合价				备注
					单价	其中			合价	其中			
						人工费	材料费	机械费		人工费	材料费	机械费	
1	2	3	4	5	6	7	8	9	10	11	12	13	14

工料合价合计：_____单位，人工费合计：_____单位_____（结转至表 3-9）

招标人：　　　（盖章）
编制人：　　　（签字或盖章）

　　　　　　　　　　　　　　　　　　　日期：　　年　　月　　日

分部工程费用计算表

表 3-9

_____(分部)_____ 工程　　　　　　　　共　页　第　页

代码	序号	费用名称	单位	费率标准	金额	计算公式
A	一	直接费	元			
A1	1	直接工程费				
A1.1						
A2	2	措施费合计				
A2.1						
B	二	间接费				
B1						
B2						
C	三	利润				
D	四	其他				
D1						
D2						
E	五	税金				
F	六	总计				A+B+C+…+E

合计：_____单位，（结转至表3-1）

招标人：　　　　　（盖章）
编制人：　　　　　（签字或盖章）

日期：　年　月　日

拟投入的主要施工机械设备表

表 3-10

序号	机械或设备名称	型号规格	数量	国别产地	制造年份	额定功率（kW）	生产能力	用于施工部位	备注

劳动力计划表

表 3-11

__(工程项目名称)__ 工程　　　　　　　　　　　　单位: 人

工种	按工程施工阶段投入劳动力情况							

注:1.投标人应该按所列格式提交包括分包人在内的估计劳动力计划表。
　　2.本计划表是以每班八小时工作制为基础编制的。

计划开、竣工日期和施工进度网络图

表 3-12

1. 投标人应提交的施工进度网络图或施工进度表，说明按招标文件要求的工期进行施工的各个关键日期。中标的投标人还应按合同条件有关条款的要求提交详细的施工进度计划。
2. 施工进度表可采用网络图（或横道图）表示，说明计划开工日期和各分项工程各阶段的完工日期和分包合同签订的日期。
3. 施工进度计划应与施工组织设计相适应。

施工总平面图

表 3-13

投标人应提交一份施工总平面图，绘出现场临时设施布置图表并附文字说明，说明临时设施、加工车间、现场办公、设备及仓储、供电、供水、卫生、生活等设施的情况和布置。

临时用地表

表 3-14

___(工程项目名称)___ 工程

用途	面积（m²）	位置	需用时间
合计			

注:1.投标人应逐项填写本表,指出全部临时设施用地面积以及详细用途。
　　2.若本表不够,可加附页。

项目管理机构配备情况表

表 3-15

___(工程项目名称)___ 工程

职务	姓名	职称	执业管理机构配备情况表					已承担在建工程情况	
			证书名称	级别	证号	专业	原服务单位	项目数	主要面目名称

一旦我单位中标,将实行项目经理负责制,我方保证并配备上述项目管理机构。上述填报内容真实,若不真实,愿按有关规定接受处理。项目管理班子机构设置、职责分工管理等情况另附资料说明。

项目经理简历表

表 3-16

___(工程项目名称)___ 工程

姓名		性别		年龄	
职务		职称		学历	
参加工作时间			担任项目经理年限		
项目经理资格证书编号					
在建和已完工程项目情况					
建设单位	项目名称	建设规模	开、竣工日期	在建或已完	工程质量

项目技术负责人简历表

表 3-17

___(工程项目名称)___ 工程

姓名		性别		年龄	
职务		职称		学历	
参加工作时间			担任项目经理年限		
在建和已完工程项目情况					
建设单位	项目名称	建设规模	开、竣工日期	在建或已完	工程质量

项目管理机构配备情况辅助说明资料

表 3-18

___(工程项目名称)___ 工程

注：1. 辅助说明资料主要包括管理机构的机构设置、职责分工、有关复印证明资料以及投标人认为有必要提供的资料。辅助说明资料格式不做统一规定，由投标人自行设计。
2. 项目管理班子配备情况辅助说明资料另附（与本投标文件一起装订）。

拟分包项目情况表

表 3-19

__(工程项目名称)__ 工程

分包人名称			地址		
法定代表人		营业执照号码		资质等级证书号码	
拟分包的工程项目	主要内容		预计造价（万元）	已经做过的类似工程	

3.4 投标策略

投标策略是指投标过程中,投标人根据竞争环境的具体情况而制定的行动方针和行为方式,是投标人在竞争中的指导思想,是投标人参加竞争的方式和手段。投标策略是一种艺术,它贯穿于投标竞争过程的始终。其中最为重要的是投标报价的基本策略。投标报价是承包商根据业主的招标条件,以报价的形式参与建筑工程市场竞争,争取承包项目的过程。

报价是影响承包商投标成败的关键。合理的报价,不仅对业主有足够的吸引力,而且应使承包商获得一定的利益。报价是确定中标人的条件之一,但不是惟一的条件。一般来说,在工期、质量、社会信誉相同的条件下,招标人以选择最低标为好。企业不能单纯追求报价最低,应当在评价标准和项目本身条件所决定的标价高低的因素上充分考虑报价的策略。

在下列情况下报价可高一些:施工条件差(如场地狭窄、地处闹市)的工程;专业要求高的技术密集型工程,而本公司这方面有专长,声望也高;总价低的小工程,以及自己不愿意做而被邀请投标时,不便于不投标的工程;特殊的工程,如港口码头工程、地下开挖工程等;业主对工期要求紧的;投标对手少的;支付条件不理想的。

下述情况下报价应低一些:施工条件好的工程,工作简单、工程量大而一般公司都可以做的工程,如大量的土方工程、一般房建工程等;本公司目前急于打入某一市场、某一地区,或虽已在某地区经营多年,但即将面临没有工程的情况(某些国家规定,在该国注册公司一年内没有经营项目时,就要撤销营业执照),机械设备等无工地转移;附近有工程而本项目可利用该项工程的设备、劳务或有条件短期内突击完成的;投标对手多,竞争力强;非急需工程;支付条件好,如现汇支付。

投标人对报价应作深入细致地分析,包括分析竞争对手、市场材料价格、企业盈亏、企业当前任务情况等作出报价决策。即报价上浮或下浮的比例,决定最后报价。在实际工作中经常采用以下的报价策略。

3.4.1 不平衡报价策略

不平衡报价法是指一个工程项目的投标报价在总价基本确定后,调整内部各个项目的报价,既不提高总价,又不影响中标,同时能在结算时得到更理想的经济效益。一般情况如下。

(1) 对能先拿到工程款的项目(如建筑工程中的土方、基础等前期工程)的单价可以定高一些,利于资金周转,存款利息也较多;而后期项目单价适当降低。

(2) 估计以后会增加工程量的项目,可提高其单价;工程量会减少的项目,可降低单价。

(3) 图纸不明确或有错误的,估计会修改的项目,单价可提高;工程内容说明不清的单价可降低,有利于以后的索赔。

(4) 没有工程量，只填单价的项目（如土方工程中的挖淤泥、岩石等），其单价宜高，这样既不影响投标标价，以后发生时又可多获利。

(5) 对于暂定数额（或工程），分析其发生可能性大，价格可定高；估计不一定发生的，价格可定低。

(6) 零星用工可稍高于工程单价中的工资单价，因它不属于承包总价的范围，发生时实报实销，也可多获利。

不平衡报价一定要建立在对工程量表中工程量仔细核对分析的基础上，特别是对于报低单价的项目，执行时工程量增多将造成承包商的重大损失。因此一定要控制在合理幅度内，一般为8%~10%。应用不平衡报价法时应在保持报价总价不改变的前提下，在适当的调整范围内进行不平衡报价。在实际工作中要注意不平衡报价方案的比较和资金现值分析相结合。

3.4.2 多方案报价策略

招标项目工程范围不明确，条款不清楚或技术规范要求苛刻时，则要在充分估计投标风险的基础上，按多方案报价法处理。即按原招标文件报一个价，然后再提出："如果条款（如某规范规定）做某些变动，报价可降低多少……"以此降低总价，吸引业主；或是对某些部分提出按"成本补偿合同"方式处理，其余部分报一个总价。有时招标文件中规定，可以提一个备选方案，即可以部分或全部修改原设计方案，提出投标人的方案。投标人应组织一批有经验的工程师，对原招标文件的方案仔细研究，提出更合理的方案吸引业主，促成方案中标。

这种新的备选方案必须有一定的优势，如可以降低总造价，或提前竣工，或使工程运作更合理。但要注意的是对原招标方案一定也要报价，以供业主比较。增加备选方案时，方案不必太具体，保留方案的技术关键，防止业主将此方案交给其他承包商实施。备选方案要比较成熟，或过去有一定的实践经验。因为投标时间不长，没有把握的备选方案，可能会引起很多后患。多方案报价需要按招标文件提出的具体要求进行报价，新报价方案要对业主有一定的吸引力，如：报价降低，采用新技术、新工艺、新材料，工程整体质量提高等。多方案报价和增加备选方案报价与施工组织设计、施工方案的选择有着密切的关系，应发挥投标人的整体优势，调动人员的积极性，促进报价方案整体水平的提升。制定方案要具体问题具体分析，深入施工现场调查研究，集思广益选定最佳建议方案，要从安全、质量、经济、技术和工期上，对建议（比选）方案进行综合比较，使选定的建议（比选）方案在满足安全、质量、技术、工期等要求的前提下，达到最佳效益。

3.4.3 随机应变策略

在投标截止日之前，一些投标人采取随机应变策略，这是根据竞争对手可能出现的方案，在充分预案的前提下，采取的突然降价策略、开口升级策略、扩大标价策略、许诺优惠条件策略的总称。

报价是保密的工作，但是投标人往往通过各种渠道、手段获悉对手情况，在报价时可以采取迷惑对方的手法。先按一般情况报价或表现出对工程兴趣不大，投标快截止时，再突然降价。如鲁布革水电站引水系统工程招标时，日本大成公司认定主要竞争对手是前田公司，在开标前把总报价降低8.04%，取得最低标，为中标打下坚实基础。采用该方法时，要在投标报价时考虑降价的幅度，在投标截止日期前，根据情报信息分析判断，作出最后决策。

1. 突然降价法

投标人在开标前，提出降价率。由于开标只降总价，在签订合同后可采用不平衡报价的方法调整工程量表内的各项单价或价格，同样能取得更高的效益。采取突然降价法必须在信息完备，测算合理，预案完整，系统调整的条件下运作。

2. 开口升级报价法

这种方法是将报价看成是协商的开始。首先对图纸和说明书进行分析，把工程中的一些难题，如特殊基础等造价最多的部分抛开作为活口，将标价降至无法与之竞争的数额（在报价单中应加以说明）。利用这种"最低标价"吸引业主，从而取得与业主商谈的机会。由于特殊条件，施工要求的灵活，再利用活口升级加价，以期最后中标。

3. 扩大标价法

该方法较常用，先按正常的已知条件编制价格，再对工程中变化较大或没有把握的工作，采用扩大单价、增加"不可预见费"的方法来减少风险。但是该方法会由于总价高，不易中标。

以上策略是在正常编制投标标价，有可能获得中标的情况下，利用招标项目中的特殊性、风险性所选择的策略，在投标前要做好充分的准备。

4. 许诺优惠条件

投标报价附带优惠条件是行之有效的一种手段。招标单位评标时，主要考虑报价和技术方案，还要分析其他条件，如工期、支付条件等。所以在投标时主动提出提前竣工，低息贷款、赠给施工设备、免费转让新技术或某种技术专利、免费技术协作、代为培训人员等，均是吸引业主、利于中标的辅助手段。

3.4.4 费用构成调整策略

有的招标文件要求投标者对工程量大的项目报"单价分析表"。投标者可将单价分析表中的人工费及机械设备费报价较高，材料费报价较低。这主要是为了今后补充项目报价时，可能参考选用"单价分析表"中较高的人工费和机械设备费，而材料则往往采用市场价，因而可获得较高的收益。

1. 计日工报价

单纯报计日工的报价可以高，以便日后业主用工或使用机械时可以多盈利。但如果采用"名义工程量"时，则需具体分析是否报高价，以免抬高总报价。

2. 暂定工程量的报价

暂定工程量三类：一类业主规定暂定工程量的分项内容和暂定总价款，规定所有投标人都必须在总报价中加入这笔固定金额，但由于分项工程量不很准确，允许将来按投标人所报单价和实际完成的工程量付款。另一类业主列出了暂定工程量的项目和数量，但并没有限制这些工程量的估价总价款，要求投标人既列出单价，也应按暂定项目的数量计算总价，当将来结算付款时可按实际完成的工程量和所报单价支付。第三类暂定工程是一笔固定总金额，金额用途将来由业主确定。

第一类情况，由于暂定总价款是固定的，对总报价水平竞争力没有任何影响，因此，投标时应将暂定工程量的单价适当提高。这样工程量变更不影响投标人收益。投标报价的竞争力同样不受影响。第二种情况，投标人必须慎重考虑，如果单价定高了，会增大总报价，影响投标报价的竞争力；如果单价定低了，将来这类工程量增大，会影响收益。一般来说，这类工程量可以采用正常价格。如果承包商估计今后实际工程量肯定会增大，则可适当提高单价，使将来可增加额外收益。第三种情况对投标竞争没有实际意义，按招标文件要求将规定的暂定款列入总报价即可。

3. 阶段性报价

大型分期建设工程，在一期工程投标时，可以将部分间接费分摊到二期工程，少计利润争取中标。这样在二期工程招标时，凭借第一期工程的经验、临时设施，以及创立的信誉，比较容易中标。但应注意分析二期工程实现的可能性，如开发前景不明确，后续资金来源不明确，实施二期工程遥遥无期，则不宜这样考虑。

4. 无利润报价

缺乏竞争优势的承包商，在特定情况下，在报价中根本不考虑利润去夺标。这种办法一般是处于以下情况时采用。

（1）有可能在得标后，将大部分工程包给索价较低的分包商。

（2）分期建设的项目，先以低价获得首期工程，而后赢得机会创造二期工程中的竞争优势，在以后的实施中赚得利润。

（3）长时期承包商没有在建的工程项目，如果再不中标，难以维持生存。因此，虽然本工程无利可图，只要能维持工程的日常运转，就可设法渡过暂时的困难，以图东山再起。

3.4.5　其他策略

1. 信誉制胜策略

信誉，在建筑业意味着工程质量好，及时交工，守信用。如同工厂产品的商标，名牌产品价格就高；建筑企业信誉好，价格就高些，如某建设项目，施工技术复杂，难度大，而本公司过去承担过此类工程，取得信誉，业主信得过；报价就可稍高。若为了占领某地区市场，建立信誉，也可以降低报价，以求将来发展。

2. 优势制胜策略

优势体现在施工质量、施工速度、价格水平、设计方案上，采用上述策略可以有以下几种方式。

（1）以质取胜。建筑产品质量第一，百年大计。投标企业用自己以前承建的施工项目质量的社会评价及荣誉、质量保证体系的科学完备性，已通过国际和国内相关认证等，作为获得中标的重要条件。

（2）以快取胜。通过采取有效措施缩短施工工期，并能保证进度计划的合理性和可行性，从而使招标工程早投产、早收益，以吸引业主。

（3）以廉取胜。前提是保证施工质量，这对业主具有较强的吸引力。从投标单位的角度出发，采取该策略通过降价扩大任务来源，降低固定成本的摊销比例，为降低新投标工程的承包价格创造条件。

（4）改进设计取胜。通过研究原设计图纸，若发现明显不合理之处，可提出改进设计的建议和能降低造价的措施。在这种情况下，一般仍然要按原设计报价，再按建议的方案报价。

3. 联合保标策略

在竞争对手众多的情况下，采取几家实力雄厚的承包商联合控制标价，一家出面争取中标，再将其中部分项目转让给其他承包商分包，或轮流相互保标。在国际上这种做法很常见，但是一旦被业主发现，则有可能被取消投标资格。在国内属违法行为即"围标"。

上述策略是投标报价中经常采用的，策略的选择需要掌握充足的信息，竞标企业对项目重要性的认识对策略选择有着直接的影响。策略的应用又与谈判、答辩的技巧有关，灵活使用投标报价的基本策略的目的是中标获得项目承建权。

3.4.6 开标后的投标技巧

投标人通过公开开标可以得知众多投标人的报价。但低价不一定中标，业主要综合各方面的因素严肃评审，有时需经过谈判（答辩），方能确定中标人。若投标人利用议标谈判的机会，展开竞争，就有可以变投标书的不利因素为有利因素，提高中标机会。特殊情况下，议标方式发包工程还存在。通常是选 2~3 家条件较优者进行谈判。招标人可分别向他们发出通知进行议标谈判。招标惯例规定，投标人在标书有效期内，不能对包括造价在内的重要投标内容进行实质性改变。但是，某些议标的谈判可以例外。在议标谈判中的投标技巧主要有：

1. 降低投标价格

投标价格不是中标的惟一因素，但却是中标的关键性因素。在议标中，投标人对提出降价要求是议标的主要手段和实质内容。需要注意的是：其一，要摸清招标人的意图，在得到其降低标价的明确暗示后，再提出降价的要求。因为，有些国家的政府关于招标法规中规定，已投出的投标书不得改变任何文字，若有改动，投标即告无效。其二，降低投标价要适当，应在自己投标降价计划范围内。降低投标价，考虑两方面因素：低投标利润；降低经营管理费。在具体操作时，通常通过在投标时测算的利润空间，设定降价百分比系数，在需要时可迅速地提出降价后的投标价。设定降价系数时应确定：降价幅度与利润的函数关系；降价临界点，这个临界点不一定是利润为零的点，他是根据企业经营管理需要，决定的某一利润水平，包含亏损标在内。降价系数可以是对总造价的，也可是对某些分项的。

2. 补充投标优惠条件

除中标的关键性因素——价格外，在议标的谈判技巧中，还可以考虑其他许多重要因素，如缩短工期，提高工程质量，降低支付条件要求，提出新技术和新设计方案以及提供补充机械设备等，以此优惠条件争取招标人的认同，争取中标。

复习思考题

1. 投标前需要做哪些准备工作？
2. 《招标投标法》关于投标文件有哪些规定？
3. 简述工程项目投标文件包括的内容。
4. 简述投标函的概念。
5. 试述投标报价的编制方法。
6. 何谓投标策略？简述如何运用不平衡报价策略。

第4章 工程项目开标、评标和中标

学习要点：熟悉开标、评标与中标的概念；了解开标的组织时间和形式，掌握开标的程序评标的方法。

进行工程建设招标的目的是选择中标人进而与之订立建设工程合同。开标、评标是选择中标人、保证招标成功的重要环节。开标实质上就是把所有投标人递交的投标文件启封揭晓。评标，就是对投标人编制和递交的投标文件进行分析比较，判断优劣，提出确定中标人的意见和建议。中标，也称决标、定标，是指在评标的基础上，根据评标的意见和建议，择优确定中标人。

4.1 工程项目开标

4.1.1 概述

所谓开标，就是投标人提交投标文件截止时间后，招标人依据招标文件规定的时间和地点，开启投标人提交的投标文件，公开宣布投标人的名称、投标价格及投标文件中的其他主要内容。实质上开标就是把所有投标人递交的投标文件揭晓，亦称揭标。

（一）开标的组织、时间和地点

1. 开标的组织

一般情况下，开标应以召开开标会议的形式进行；开标会议由招标人在有关管理部门的监督下主持进行。在招标人委托招标代理机构代理招标时，开标也可以由该代理机构主持。主持人按照规定的程序负责开标的全过程，其他开标工作人员办理开标作业及制作记录等事项。

为了体现工程招标的平等竞争原则，使开标做到公开性，让投标人的投标为各投标人及有关方面所共知，应当邀请所有投标人和相关单位的代表作为参加人出席开标会议。邀请所有的投标人或其代表出席开标会议，可以使投标人了解开标是否依法进行，有助于使投标人相信招标人不会任意做出不适当的决定；同时，也可以使投标人了解其他投标人的投标情况做到知己知彼，大致衡量以下自己中标的可能性，这对招标人的中标决定也起到了一定的监督作用；投标人还可以搜集资料，积累经验，进一步了解竞争对手的情况，为以后的投标工作提供资料。此外，为保证开标的公正性，一般还邀请相关单位的代表参加，如招标项目主管部门的人员、评标委员会成员、监察部门代表、经办银行代表等。有些招标项目，招标人还可以委托公证部门的公证人员对整个开标过程依法进行公证。

2. 开标的时间

我国《招标投标法》第三十四条规定:"开标应当在招标文件确定的提交投标文件截止时间的同一时间公开进行。"开标时间就是提交投标文件的截止时间,如某年某月某日几时几分。之所以这样规定开标时间,是为了防止投标截止时间之后与开标之前仍有一段时间间隔。如有间隔,可能会给不端行为造成可乘之机,如在指定开标时间之前泄露投标文件中的内容等。

3. 开标的地点

开标地点应当为招标文件中预先确定的地点。如招标单位因某种原因变更开标地点必须以书面形式提前通知所有投标人。已经建立建设工程交易中心的地区,开标地点应设在建设工程交易中心。

(二) 开标的形式

开标的形式主要有公开开标、有限开标和秘密开标三种。

1. 公开开标。邀请所有的投标人参加开标会议,其他愿意参加者也不受限制,当众公开开标。

2. 有限开标。只邀请投标人和有关人员参加开标会议,其他无关人员不得参加,当众公开开标。

3. 秘密开标。开标只有负责招标的组织成员参加,不允许投标人参加开标,然后将开标的名次结果通知投标人,不公开报价,目的是不暴露投标人的准确报价数字。采用何种开标方式应由招标机构和评标小组决定。目前我国主要采取公开开标。

4.1.2 开标的程序

开标的一般程序是:

1. 招标人签收投标人递交的投标文件

在开标当日且在开标地点递交的投标文件的签收应当填写投标文件报送签收一览表,招标人专人负责接收投标人递交的投标文件。提前递交的投标文件也应当办理签收手续,由招标人携带至开标现场。在招标文件规定的截标时间后递交的投标文件不得接收,由招标人原封退还给有关投标人。

在截标时间前递交投标文件的投标人少于三家的,招标无效,开标会即告结束,招标人应当依法重新组织招标。

2. 投标人出席开标会的代表签到

投标人授权出席开标会的代表本人填写开标会签到表,招标人专人负责核对签到人身份,应与签到的内容一致。

3. 开标会主持人宣布开标会开始、主持人宣布开标人、唱标人、记录人和监督人员

主持人一般为招标人代表,也可以是招标人指定的招标代理机构的代表。开标人一般为招标人或招标代理机构的工作人员,唱标人可以是投标人的代表或者招标人或招标代理机构的工作人员,记录人由招标人指派,有形建筑市场工作人员同时记录唱标内容,招标办监管人员或招标办授权的有形建筑市场工作人员进

行监督。记录人按开标会记录的要求开始记录。

4. 开标会主持人介绍主要与会人员

主要与会人员包括到会的招标人代表、招标代理机构代表、各投标人代表、公证机构公证人员、见证人员及监督人员等。

5. 主持人宣布开标会程序、开标会纪律和当场废标的条件

开标会纪律一般包括：

(1) 场内严禁吸烟；

(2) 凡与开标无关人员不得进入开标会场；

(3) 参加会议的所有人员应关闭寻呼机、手机等，开标期间不得高声喧哗；

(4) 投标人代表有疑问应举手发言，参加会议人员未经主持人同意不得在场内随意走动。

投标文件有下列情形之一的，应当场宣布为废标：

(1) 逾期送达的或未送达指定地点的；

(2) 未按招标文件要求密封的。

6. 核对投标人授权代表的身份证件、授权委托书

招标人代表出示法定代表人委托书和有效身份证件，同时招标人代表当众核查投标人的授权代表的授权委托书和有效身份证件，确认授权代表的有效性，并留存授权委托书和身份证件的复印件。法定代表人出席开标会的要出示其有效证件。

7. 招标人领导讲话

有此项安排的招标人领导讲话，也可以不讲话。

8. 主持人介绍招标文件、补充文件或答疑文件的组成和发放情况，投标人确认。

主要介绍招标文件组成部分、发标时间、答疑时间、补充文件或答疑文件组成、发放和签收情况。可以同时强调主要条款和招标文件中的实质性要求。

9. 主持人宣布投标文件截止和实际送达时间

宣布招标文件规定的递交投标文件的截止时间和各投标单位实际送达时间。在截标时间后送达的投标文件应当场废标。

10. 招标人和投标人的代表共同（或公证机关）检查各投标书密封情况

密封不符合招标文件要求的投标文件应当场废标，不得进入评标。一般情况下，投标文件是以书面形式、加具签字并装入密封信袋内提交的。所以，无论是邮寄还是直接送到开标地点，所有投标文件都应该是密封的。检查密封情况就是为了防止投标文件在未密封状况下失密，从而导致互相串标，更改投标报价等违法行为的发生。密封不符合招标文件要求的，招标人应当通知招标办监管人员到场见证。

11. 主持人宣布开标和唱标次序

一般按投标书送达时间逆顺序开标、唱标。

12. 唱标人依唱标顺序依次开标并唱标

开标由指定的开标人在监督人员及与会代表的监督下当众拆封，拆封后应当

检查投标文件组成情况并记入开标会记录，开标人应将投标书和投标书附件以及招标文件中可能规定需要唱标的其他文件交唱标人进行唱标。唱标内容一般包括投标报价、工期和质量标准、质量奖项等方面的承诺、替代方案报价、投标保证金、主要人员等，在递交投标文件截止时间前收到的投标人对投标文件的补充、修改同时宣布，在递交投标文件截止时间前收到投标人撤回其投标的书面通知的投标文件不再唱标，但须在开标会上说明。

13. 开标会记录签字确认

开标会记录应当如实记录开标过程中的重要事项，包括开标时间、开标地点、出席开标会的各单位及人员、唱标记录、开标会程序、开标过程中出现的需要评标委员会评审的情况，有公证机构出席公证的还应记录公证结果，投标人的授权代表应当在开标会记录上签字确认，对记录内容有异议的可以注明，但必须对没有异议的部分签字确认。

14. 公布标底

招标人设有标底的，标底必须公布。唱标人公布标底。

15. 投标文件、开标会记录等送封闭评标区封存

实行工程量清单招标的，招标文件约定在评标前先进行清标工作的，封存投标文件正本，副本可用于清标工作。

16. 主持人宣布开标会结束

4.1.3 有关无效投标文件的规定

在开标时，如果发现投标文件出现下列情形之一，应当作为无效投标文件，不再进入评标：

（1）投标文件未按照招标文件的要求予以密封；

（2）投标文件中的投标函未加盖投标人的企业法定代表人印章，或者企业法定代表人委托代理人没有合法、有效的委托书（原件）及委托代理人印章；

（3）投标文件关键内容字迹模糊、无法辨认；

（4）投标人未按照招标文件的要求提供投标保证金或者投标保函；

（5）组成联合体投标的，投标文件未附联合体各方共同投标协议。

4.2 评　　标

4.2.1 概述

所谓评标，就是依据招标文件的规定和要求，对投标文件所进行的审查、评审和比较。评标是审查确定中标人的必经程序，是保证招标成功的重要环节。评标工作有开标前确定的评标小组或评标委员会负责，召集人一般由招标人或其指定的代理人担任。视评标内容的繁简，可在开标后立即进行，也可在随后进行，对各投标人进行综合评价，为择优确定中标人提供依据。

4.2.2 评标的原则

国家计委等七部委令 12 号《评标委员会和评标办法暂行规定》（2001.7.5）第二条规定："评标活动应遵循公平、公正、科学、择优的原则"。

1. 公平

所谓"公平"，主要是指评标组织机构要严格按照招标文件规定的要求和条件，对投标文件进行评审时，不带任何主观意愿，不得以任何理由排斥和歧视任何一方，对所有投标人应一视同仁。保证投标人在平等的基础上竞争。

2. 公正

所谓"公正"，主要是指评标组织机构成员具有公正之心，评标要客观全面，不倾向或排斥某一特定的投标。要做到客观公正，必须做到以下几点：

（1）要培养良好的职业道德，不为私利而违心地处理问题；

（2）要坚持实事求是的原则，不惟上级或某些方面的意见是从；

（3）要提高综合分析问题的能力，不为局部问题或表面现象而模糊自己的"观点"；

（4）要不断提高自己的专业技术能力，尤其是要尽快提高综合理解、熟练运用招标文件和投标文件中有关条款的能力，以便以招标文件和投标文件为依据，客观公正的综合评价标书。

3. 科学

所谓"科学"，是评标工作要依据科学的方案，要运用科学的手段，要采取科学的方法。对于每个项目的评价要有可靠的依据，要用数据说话。只有这样，才能做出科学合理的综合评价。

（1）科学的计划。就一个招标工程项目的评标工作而言，科学的计划主要是指评标细则。它包括：评标机构的组织计划；评标工作的程序；评标标准和方法。总之，在实施评标工作前，要尽可能地把各种可能出现的问题都列出来，并拟定解决办法，使评标工作中的每一项活动都纳入计划管理的轨道。更重要的是，要集思广益，充分运用已有的经验和知识，制定出切实可行、行之有效的评标细则，指导评标工作顺利进行。

（2）科学的手段。单凭人的手工直接进行评标，这是最原始的评标手段。科学技术发展到今天，必须借助于先进的科学仪器，才能快捷准确做好评标工作，如已经普遍使用的计算机等。

（3）科学的方法。评标工作的科学方法主要体现评标标准的设立以及评价指标的设置；

体现在综合评价时，要"用数据说话"；尤其体现在要开发、利用计算机软件，建立起先进的软件库。

4. 择优

所谓"择优"，就是用科学的方法、科学的手段，从众多投标文件中选择最佳的方案。评标时，评标组织机构成员应全面分析、审查、澄清、评价和比较投标文件，防止重价格、轻技术和重技术、轻价格的现象，对商务和技术不可偏一，要综合考虑。

4.2.3 评标委员会

（一）评标组织机构

1. 评标组织机构的含义及形式

为了保证评标的公正性，防止招标人左右评标结果，评标不能由招标人或其代理机构独自承担，而应组成一个由有关专家和人员参加的组织机构。这个在招标投标管理机构的监督下，由招标人设立负责某一招标工程评标的临时组织就是评标组织机构。

评标组织机构的形式，通常是评标委员会，在实践中也有设评标小组的。是设评标委员会还是设评标小组，可以视招标工程的规模、结构、类型、招标方式和其他具体情况而定。一般来说，从工程规模来看，大中型项目或技术、结构复杂的招标工程，应设立评标委员会；小型工程或结构、技术比较简单的招标工程，可以设立评标小组。从招标方式看，采用公开招标的工程，应设立评标委员会；采用邀请招标的工程，可以设立评标委员会或评标小组；采用议标方式的工程，应设立评标小组。当然，在实践中，也可以不论何种情况，都采用设立评标委员会的形式。无论是在评标委员会下还是在评标小组下，都可以根据需要再分设若干评审组，如鉴定组、技术组、商务组等。本节主要介绍评标委员会的相关内容。

2. 评标组织机构（评标委员会）的职责

（1）根据招标文件中规定的评标标准和评标办法，对所有有效投标文件进行综合评价；

（2）写出评标报告，向招标人推荐中标候选人或者直接确定中标人。

（二）评标委员会的组成及其组成方式

1. 评标委员会的组成

评标委员会的人员构成，对评标定标的质量和结果有直接影响。由于建设工程招标涉及投资者、建设者等各方的利益，经济性、技术性和专业性又比较强，所以，评标委员会的成员，应由各有关方面的代表性人员组成。

在我国早期的招标投标实践中，评标委员会的成员，主要是招标人及其主管部门和定额、质量、设计、监理等单位的人员，有的甚至还规定招标投标管理机构的人员也必须参加评标委员会。这种人员构成是招标投标制度处于初创、摸索阶段的产物，是不合理、不妥当的，带有浓厚的计划经济痕迹。从市场经济的要求来看，评标委员会的人员应由招标人和有关技术、经济等方面的专家组成，并且应以有关专业方面的专家为主，有关主管部门的人员应少参加或不参加，以避免评标工作中的行政色彩。至于招标投标管理机构的人员更不应该参加评标委员会，因为它是代表政府行使监管职能的专门机构，既参加评标委员会又对评标活动进行监督，明显有悖公正原则。

招标人是建设工程招标的当事人，当然有权参加评标委员会。即使在招标人委托招标代理人的情况下，招标人仍有权参加评标委员会。有一种观点认为，招标人在委托招标代理人代理组织招标时不应参加评标委员会，因为此时招标人没有评标定标的能力。这一主张是不正确的,因为招标人才是招标工程的真正当事人,是订立和履行合同的一方主体,招标人可能没有评标定标的业务能力,但却有评标定标的权利能力。参加评标委员会是招标人不可剥夺的权利。除了招标人外,评标委员会的成员主要应当是有关技术、经济等方面的专家。评标委员会的总人数,应为不少于5人的奇数。小型招标工程评标委员会的人可以为5人或7人,最高不宜超过9人;中型招标工程评标委员会的总人数,可以为7人或9人,不宜超过11人;大型招标工程评标委员会的总人数可以为9人或11人、13人,最高不宜超过15人。其中,招标人的代表等的人数不得大于评标委员会总人数的1/3;专家人数不得少于评标委员会总人数的2/3。评标委员会负责人由评标委员会成员推荐产生或由招标人确定,评标委员会负责人与评标委员会的其他成员有同等的表决权。招标投标管理机构派人参加评标会议,对评标活动进行监督。

2. 评标委员会的组成方式

为了防止招标人在选定评标专家时的主观随意性,招标人应从国务院或省级人民政府有关部门提供的专家名册或者招标代理机构的专家库中,确定评标专家。一般招标项目可以采取随机抽取的方式确定;有些特殊的招标项目,如科研项目,技术特别复杂的项目等,由于采取随机抽取方式确定的专家可能不能胜任评标工作或只有少数专家能够胜任,因此招标人可以直接确定专家人选。

专家名册或专家库,也称人才库,是根据不同的专业分别设置的该领域的专家名单或数据库。进入该名单或数据库中的专家,应该是在该领域具备专家资格条件的所有专家,而不是少数或个别专家。

3. 评标委员会成员的回避更换制度

所谓回避更换制度,就是指与投标人有利害关系的人应当回避,不得进入评标委员会;已经进入的,应予以更换。

根据《评标委员会和评标办法暂行规定》,有下列情形之一的,不得担任评标委员会成员:

(1) 投标人或投标人主要负责人的近亲属;
(2) 项目主管部门或者行政监督部门的人员;
(3) 与投标人有经济利益关系,可能影响对投标公正评审的;
(4) 曾因在招标、投标以及其他与招标投标有关活动中从事违法行为而受过行政处分或刑事处罚的。

评标委员会成员如有上述规定情形之一的,应主动提出回避。

(三) 评标委员会委员的资格条件和其应承担的义务与责任

1. 评标委员会成员的资格条件

为了保证评标的顺利进行,就必须保证评标人员的素质,必须对参加评标委员会的专家的资格进行一定的限制,并非所有的专业技术人员都可以进入评标委员会。进入专家名册或专家库的专家应具备以下资格条件:

(1) 从事相关专业领域工作满8年并且具有高级职称或同等专业水平;
(2) 熟悉有关招标投标法律法规,并具有与招标项目有关的时间经验;
(3) 能够认真、公正、诚实、廉洁地履行职责。

2. 评标委员会成员的义务

（1）评标委员会成员的一般职业道德。评标委员会成员应当客观、公正地履行职务，遵守职业道德，即评标要出于公正之心，客观全面，不得倾向或排斥某一特定的投标，并对个人的评标意见承担个人责任。

（2）评标委员会成员的禁止性义务。为了保证评标的公正和公平性，评标委员会成员不得与任何投标人或者与投标结果有利害关系的人进行私下接触，不得收受投标人、中介人、其他利害人的财物或者其他好处。由于评标委员会成员享有评审和比较投标，推荐中标候选人的重要权力，因此，投标人为了中标，往往通过给予财物或者其他好处的方式，接近、拉拢、腐蚀评标委员会成员。所谓财物，主要指金钱、贵重物品等；所谓其他好处，是指金钱、财物以外的任何其他物质性或非物质性利益，如请客吃饭、娱乐、出国旅游、工作调动、职务升迁、房屋装修等等。

（3）评标委员会成员的保密义务。《招标投标法》规定评标必须在严格保密的情况下进行，评标委员会成员作为评标工作的直接承担者，对投标文件的评审和比较、中标候选人的推荐情况及其他有关情况最为了解，因此理所当然地具有对评标保密的义务。因为有关评标工作人员也接触到了评标过程中的一些情况，因此也有保密义务，不得对外泄露上述有关情况。

3. 评标委员会成员对其违法行为应承担的法律责任

（1）评标委员会成员的违法行为包括：

①在评标过程中擅离职守，影响评标程序的正常进行；

②在评标过程中不能客观公正地履行职责；

③评标委员会成员收受投标人、其他利害关系人的财物或者其他好处的；

④评标委员会成员或者参加评标工作的有关工作人员向他人透漏对投标文件的评审和比较、中标候选人的推荐以及与评标有关的其他情况的。

（2）评标委员会成员应承担的法律责任的形式有：

①警告。评标委员会成员或者参加评标的有关工作人员有前述违法行为的，有关行政监督部门应当给予警告，即以书面的形式给予训诫和谴责。

②没收收受的财物。评标委员会成员收受的财物应当予以没收，收归国家所有。

③罚款。评标委员会的成员或者参加评标的有关工作人员有上述违法行为的，有关行政监督部门可以根据具体情况对其处罚款。罚款数额在一万元以下或者三千元以上五万元以下，由有关行政监督部门视违法行为的轻重而定。如果采取警告、没收馈赠的财物等处罚措施足以达到制裁违法行为的目的，可以不予罚款。

④取消资格。对有前述①、②条情节严重的和③、④条违法行为的评标委员会成员，有关行政监督部门应当取消其担任评标委员会成员的资格。被取消担任评委会成员资格的人，应当从国家专家库或者招标代理机构设立的专家库中除名，不得再从事依法必须进行招标的任何项目的评标工作，招标人也不得再聘请其担任评标委员。

⑤依法追究刑事责任。评标委员会的成员或参加评标工作的有关人员的违法

行为情节严重，构成犯罪的，应当依据相关的刑法条文，由司法机关依法追究刑事责任。

4.2.4 评标的依据、标准和方法

简单地讲，评标是对投标文件的评审和比较。根据什么样的标准和方法进行评审，是一个关键问题，也是评标的原则性问题。在招标文件中，招标人列明了评标的标准和方法，目的就是让各潜在投标人知道这些标准和方法，以便考虑如何进行投标，才能获得成功。那么，这些事先列明的标准和方法在评标时能否真正得到采用，是衡量评标是否公正、公平的标尺。为了保证评标的公正和公平性，评标必须按照招标文件规定的评标标准和方法，不得采用招标文件中未列明的任何标准和方法，也不得改变招标确定的评标标准和方法。这一点，也是世界各国的通常做法。所以，作为评标委员在评标时，必须弄清评标的依据和标准，熟悉并掌握评标的方法。

（一）评标的依据

评标委员会成员评标的依据主要有下列几项：

(1) 招标文件；
(2) 开标前会议纪要；
(3) 评标定标的办法及细则；
(4) 标底；
(5) 投标文件；
(6) 其他有关资料。

（二）评标的标准

评标的标准，一般包括价格标准和价格标准以外的其他有关标准（又称"非价格标准"），以及如何运用这些标准来确定中选的投标。

价值标准比较直观具体，都是以货币额表示的报价。非价格标准内容多而复杂，在评标时应可能使非价格标准客观和定量化，并用货币额表示，或规定相对的权重，使定性化的标准尽量定量化，这样才能使评标具有可比性。

通常来说，在货物评标时，非价格标准主要有运费、保险费、付款计划、交货期、运营成本、货物的有效性和配套性、零配件和服务的供给能力、相关的培训、安全性和环境效益等。在服务评标时，非价格标准主要有投标人及参与提供服务的人员的资格、经验、信誉、可靠性、专业和管理能力等。在工程项目评标时，非价格标准主要有工期、施工方案、施工组织、质量保证措施、主要材料用量、施工人员和管理人员的素质、以往的经验、企业的综合业绩等等。

（三）评标的方法

评标的方法，是运用评标标准评审、比较评标的具体方法。评标方法的科学性对于实施平等的竞争、公正合理地选择中标者是极端重要的。评标涉及的因素很多，应在分门别类、有主有次的基础上，结合工程的特点确定科学的评标方法。

《评标委员会和评标方法办法暂行规定》第 29 条规定，评标方法包括经评审的最低投标价法、综合评估法或者法律、行政法规允许的其他评标方法。

评标方法除了国家规定的以外,还有很多,如接近标底法、低标价法、费率费用评标法等。

1. 经评审的最低投标价法

经评审的最低投标价法是指能够满足招标文件的实质性要求,并且经评审的投标价格最低(但投标价格低于成本的除外),按照投标价格最低确定中标人。该方法适用与招标人对工程的技术性能没有特殊要求,承包人采用通用技术施工即可达到性能标准的招标项目。

评审比较的程序如下:

(1) 投标文件作出实质性响应,满足招标文件规定的技术要求和标准;

(2) 根据招标文件中规定的评标价格调整方法,对所有投标人的投标报价以及投标文件的商务部分作必要的价格调整;

(3) 不再对投标文件的技术部分进行价格折算,仅以商务部分折算的调整值作为比较基础;

(4) 经评审的最低投标价的投标,应当推荐为中标候选人。

2. 综合评分法

综合评估法包括综合评分法和评标价法。综合评分法是指将评审内容分类后分别赋予不同权重,评标委员依据评分标准对各类内容细分的小项进行相应的打分,最后计算的累计分值反映投标人的综合水平,以得分最高的投标书为最优。这种方法由于需要评分的涉及面较广,每一项都要经过评委打分,可以全面地衡量投标人实施招标工程的综合能力。

建设部发布的施工招标文件范本中规定的评标办法,能最大限度满足招标文件中规定的各项综合评价标准的投标人为中标人,可以参照下列方式:

(1) 得分最高者为中标候选人。

$$N = A_1 \times J + A_2 \times S + A_3 \times X$$

式中　　N——评标总得分;

　　　　J——施工组织设计(技术标)评审得分;

　　　　S——投标报价(商务标)评审得分,以最低报价(但低于成本的除外)得满分,其余报价按比例折减计算得分;

　　　　X——投标人的质量、综合实力、工期得分;

A_1, A_2, A_3——分别为各项指标所占的权重。

(2) 得分最低的为中标候选人。

$$N' = A_1 \times J' + A_2 \times S' + A_3 \times X'$$

式中　　N'——评标总得分;

　　　　J'——施工组织设计(技术标)评审得分排序,从高至低排序,$J' = 1, 2, 3, \cdots\cdots$

　　　　S'——投标报价(商务标)评审得分排序,按报价从低至高排序(报价低于成本的除外),$S' = 1, 2, 3, \cdots\cdots$

　　　　X'——投标人的质量、综合实力、工期得分排序,按得分从高至低排序,$X' = 1, 2, 3, \cdots\cdots$

A_1，A_2，A_3——分别为各项指标所占的权重。

建议：一般 A_1 取 20%～70%，A_2 取 70%～30%，A_3 取 0～20%，且 $A_1+A_2+A_3=100\%$。

两种方法的主要区别在 J、S 和 X 记分的取值方法不同。第一种方法与标准值的偏差取值，而第二种方法仅按投标书此项的排序取值。第二种方法计算相对简单，但当偏差较大时，最终得分值的计算不能反映具体的偏差度，可能导致报价最低但综合实力不够强或施工方案不是最优的投标人中标。

3. 评标价法

评标价法是指仅以货币价格作为评审比较的标准，以投标报价为基数，将可以用一定的方法折算为价格的评审要素加减到投标报价上去，而形成评审价格（或称评标价），以评标价最低的标书为最优。具体步骤如下：

（1）首先按招标文件的评审内容对各标书进行审查，淘汰不满足要求的标书。

（2）按预定的方法将某些要素折算为评审价格。内容一般可包括以下几方面：

①对实施过程中必然发生的，而标书又属明显漏项部分，给予相应的补项增加到报价上去；

②工期的提前给项目带来的超前收益，以月为单位，按预定的比例数乘以报价后，在投标价内扣减该值；

③技术建议可能带来的实际经济效益，也按预定比例折算后，在投标价内减去该值；

④投标书内所提出的优惠可能给项目法人带来好处，以开标日为准，按一定的换算方法贴现折算后，作为评审价格因素之一；

⑤对于其他可折算为价格的要素，按对项目法人有利或不利的原则，增加或减少到投标价上去。

4. 接近标底法

接近标底法，即投标报价与评标标底价格相比较，以最接近评标标底的报价为最高分。投标价得分与其他指标的得分合计最高分者中标。如果出现并列最高分时，则由评委无记名在并列最高分者之间投票表决，得票多者为中标单位。这种方法比较简单，但要以标底详尽、正确为前提。下面以某地区规定为例说明该方法的操作过程。

（1）评价指标和单项分值。评价指标及单项分值一般设置如下：

①报价 50 分；

②施工组织设计 30 分；

③投标人综合业绩 20 分。

以上各单项分值，均以满分为限。

（2）投标报价打分。投标报价与评标标底价相等者得 50 分。在有效浮动范围内，高于评标标底者按每高于一定范围扣若干分，扣完为止；低于评标标底者，按每低于一定范围扣若干分，扣完为止。为了体现公正合理的原则，扣分方法还可以细化。如在合理标价范围内，合理标价范围一般为标底的正负 5%，报价比标底每增减 1% 扣 2 分；超过合理标价范围的，不论上下浮动，每增加或减少 1% 都扣3分。

例如，某工程标底价为400万元，现有A、B、C三个投标人，投标价分别为370万元、415万元、430万元。根据上述规定对投标报价打分如下：

①确定合理标价范围为380～420万元。

②分别确定各方案分值：

A标：370万元比标底价低7.5%，超出5%合理标价范围，在合理标价范围-5%内扣$2\times5=10$（分），在$-5\%\sim-7.5\%$内扣$3\times2.5=7.5$分，合计扣分17.5分，报价得分为$50-17.5=32.5$（分）。

B标：415万元比标底价高3.75%，在5%合理标价范围内，扣分为$2\times3.75=7.5$（分），报价得分为$50-7.5=42.5$（分）。

C标：430万元比标底价高7.5%，合计扣分为$2\times5+3\times2.5=17.5$（分），报价得分为32.5分。

（3）施工组织设计。施工组织设计包括下列内容，最高得分为30分。

①全面性。施工组织设计内容要全面，包括：施工方法、采用的施工设备、劳动力计划安排；确定工程质量、工期、安全和文明施工的措施；施工总进度计划；施工平面布置；采用经专家鉴定的新技术、新工艺；施工管理和专业技术人员配备。

②可行性。各项主要内容的措施、计划，流水段的划分，流水步距、节拍，各项交叉作业等是否切合实际，合理可行。

③针对性。优良工程的质量保证体系是否健全有效，创优的硬性措施是否切实可行；工程的赶工措施和施工方法是否有效；闹市区内的工程的安全、文明施工和防治扰民的措施是否可靠。

（4）投标单位综合业绩。投标单位综合业绩最高得分20分。具体评分规定如下：

①投标人在投标的上两年度内获国家、省建设行政主管部门颁发的荣誉证书，最高得分15分。证书范围仅限工程质量、文明工地及新技术推广示范工程荣誉证书等三种。

  a. 工程质量获国家级"鲁班奖"得5分，获省级奖得3分；

  b. 文明工地获"省文明工地样板"得5分，获"省文明工地"得3分；

  c. 新技术推广示范工程获"国家级示范工程"得5分，获"省级示范工程"得3分。

以上三种证书每一种均按获得的最高荣誉证书记分，记分时不重复、不累计。

②投标人拟承担招标工程的项目经理，上两年度内承担过的工程（已竣工）情况核评，最高得5分。

  a. 承担过与招标工程类似的工程。

  b. 工程履约情况。

  c. 工程质量优良水平及有关工程的获奖情况。

  d. 出现质量安全事故的应减分。

以上证明材料应当真实、有效，遇有弄虚作假者，将被拒绝参加评标。开标时，投标人携带原件备查。

在使用此方法时应注意，若某标书的总分不低，但某一项的得分低于该项预定及格分时，也应充分考虑授标给该投标人后，实施过程中可能的风险。

5. 低标价法

低标价法是在通过严格的资格预审和其他评标内容的要求都合格的条件下，评标只按投标报价来定标的一种方法。世行贷款项目多采用此种评标方法。低标价法主要有以下两种方式：

(1) 将所有人的投标报价依次排列，从中取出 3～4 个最低报价，然后对这 3～4 个最低报价的投标人进行其他方面的综合比较，择优定标。实质上就是低中取优。

(2) "$A+B$ 值"评标法，及以低于标底一定百分数以内的报价的算术平均值为 A，以标底或评标小组确定的更合理的报价为 B，然后以"$A+B$"的平均值为评标标准价，选出低于或高于这个标准价的某个百分数的报价的投标者进行综合分析，择优定标。

6. 费率费用评标法

费率费用评标法适用于施工图未出齐或者仅有扩大初步设计图纸，工程量难以确定急于开工的工程或技术复杂的工程。投标单位的费率、费用报价，作为投标报价部分得分，经过对投标标书的技术部分评标记分后，两部分得分合计最高者为中标单位。

此法中费率是指国家费用定额规定费率的利润、现场经费和间接费。费用是指国家费用定额规定的"有关费用"及由于施工方案不同产生造价差异较大、定额项目无法确定、受市场价格影响变化较大的项目费用等。

费率、费用标底应当经招标投标管理机构审定，并在招标文件中明确费率、费用的计算原则和范围。

4.2.5 评标程序

评标程序见图 4-1。

组成评标委员 → 评标准备 → 初步评审 → 详细评审 → 评标报告 → 推荐中标候选人

图 4-1 评标程序

(一) 评标准备与初步评审

1. 评标委员会成员应当编制供评标使用的相应表格，认真研究招标文件，至少应了解和熟悉以下内容：

①招标的目标；

②招标项目的范围和性质；

③招标文件中规定的主要技术要求、标准和商务条款；

④招标文件规定的评标标准、评标方法和在评标过程中考虑的相关因素。

2. 招标人或者其委托的招标代理机构应当向评标委员会提供评标所需的重要信息和数据。招标人设有标底的，标底应当保密，并在评标时作为参考。

3. 评标委员会应当根据招标文件规定的评标标准和方法，对投标文件进行系统地评审和比较。招标文件中没有规定的标准和方法不得作为评标的依据。

招标文件中规定的评标标准和评标方法应当合理，不得含有倾向或者排斥潜在投标人的内容，不得妨碍或者限制投标人之间的竞争。

4. 评标委员会应当按照投标报价的高低或招标文件规定的其他方法对投标文件排序。以多种货币报价的，应当按照中国银行在开标日公布的汇率中间价换算成人民币。

招标文件应当对汇率标准和汇率风险作出规定。未作规定的，汇率风险由招标人承担。

5. 评标委员会可以书面方式要求投标人对投标文件中含义不明确、对同类问题表述不一致或者有明显文字和计算错误的内容作必要的澄清、说明或者补正。澄清、说明或者补正应以书面方式进行，并不得超出投标文件的范围或者改变投标文件的实质性内容。

投标文件中的大写金额和小写金额不一致的，以大写金额为准；总价金额与单价金额不一致的，以单价金额为准，但单价金额小数点有明显错误的除外；对不同文字文本投标文件的解释发生异议的，以主导语言文本为准。

6. 在评标过程中，评标委员会发现投标人以他人的名义投标、串通投标、以行政手段谋取中标或者以其他弄虚作假方式投标的，该投标人的投标应作废标处理。

7. 在评标过程中，评标委员会发现投标人的报价明显低于其他投标报价或者在设有标底时明显低于标底，使得其投标报价可能低于其个别成本的，应当要求该投标人作出书面说明并提供相关证明材料。投标人不能合理说明或者不能提供相关证明材料的，由评标委员会认定该投标人以低于成本报价竞标，其投标应作废标处理。

8. 投标人资格条件不符合国家有关规定和招标文件要求的，或者拒不按照要求对投标文件进行澄清、说明或者补正的，评标委员会应当审查投标文件进行澄清、说明或者补正的，评标委员会可以否决其投标。

9. 评标委员会应当审查每一投标文件是否对招标文件提出的所有实质性要求和条件作出响应。未能在实质上响应的投标，应作为废标处理。

10. 评标委员会应当根据招标文件，审查并逐项列出投标文件的全部投标偏差。

投标偏差分为重大偏差和细微偏差。

下列情况属于重大偏差：

(1) 没有按照招标文件要求提供投标担保或者所提供的投标担保有瑕疵；
(2) 投标文件没有投标人授权代表签字和加盖公章；
(3) 投标文件载明的招标项目完成期限超过招标文件规定的期限；
(4) 明显不符合技术规格、技术标准的要求；
(5) 投标文件载明的货物包装方式、检验标准和方法等不符合招标文件的要求；
(6) 投标文件附有招标人不能接受的条件；
(7) 不符合招标文件中规定的其他实质性要求。

投标文件有上述情形之一的，为未能对招标文件作出实质性响应，作废标处理。招标文件对重大偏差另有规定的，从其规定。

细微偏差是指投标文件在实质上响应招标文件要求，但在个别地方存在漏项或者提供了不完整的技术信息和数据等情况，并且补正这些遗漏或者不完整不会对其他投标人造成不公平的结果。细微偏差不影响投标文件的有效性。

评标委员会应当书面要求存在细微偏差的投标人在评标结束前予以补正。拒不补正的，评标委员会在详细评审时可以对细微偏差作不利于该投标人的量化，量化标准应当在招标文件中规定。

11. 评标委员会根据规定否决不合格投标或者界定为废标后，因有效投标不足三个使得投标明显缺乏竞争的，评标委员会可以否决全部投标。投标人少于三个或者所有投标被否决的，招标人应当依法重新招标。

（二）详细评审

经初步评审合格的投标文件，评标委员会应当根据招标文件确定的评标标准和方法，对其技术部分和商务部分作进一步评审、比较。

1. 评标方法包括经评审的合理最低投标价法、综合评估法或者法律、行政法规允许的其他评标方法。

2. 经评审的合理最低投标价法

（1）经评审的合理最低投标价法一般适用于具有通用技术、性能标准或者招标人对其技术、性能没有特殊要求的招标项目。

（2）根据经评审的合理最低投标价法，能够满足招标文件的实质性要求，并且经评审的最低投标价（但应高于企业的个别成本）的投标，应当推荐为中标候选人。

（3）采用经评审的合理最低投标价法的，评标委员会应当根据招标文件中规定评标价格调整方法，对所有投标人的投标报价以及投标文件的商务部分作必要的价格调整。

采用经评审的最低投标价法的，中标人的投标应当符合招标文件规定的技术要求和标准，但评标委员会无需对投标文件的技术部分进行价格折算。

（4）根据评审的合理最低投标价法完成详细评审后，评标委员会应当拟定一份"标价比较表"，连同书面评标报告提交招标人。"标价比较表"应当载明投标人的投标报价、对商务偏差的价格调整和说明以及经评审的最终投标价。

3. 综合评估法

（1）不宜采用经评审的最低投标价法的招标项目，一般应当采取综合评估法进行评审。

（2）根据综合评估法，最大限度地满足招标文件中规定的各项综合评价标准的投标，应当推荐为中标候选人。衡量投标文件是否最大限度地满足招标文件中规定的各项评价标准，可以采取折算为货币的方法、打分的方法或者其他方法。需量化的因素及其权重应当在招标文件中明确规定。

（3）评标委员会对各个评审因素进行量化时，应当将量化指标建立在同一基础或者同一标准上，使各投标文件具有可比性。

对技术部分和商务部分进行量化后，评标委员会应当对这两部分的量化结果进行加权，计算出每一投标的综合评估价或者综合评估分。

（4）根据综合评估法完成评标后，评标委员会应当拟定一份"综合评估比较表"，连同书面评标报告提交招标人。"综合评估比较表"应当载明投标人的投标报价、所作的任何修正、对商务偏差的调整、对技术偏差的调整、对各评审因素的评估以及对每一投标的最终评审结果。

（三）评标报告

评标报告是评标委员会评标结束后提交给招标人的一件重要文件。在评标报告中，评标委员会不仅要推荐中标候选人，而且要说明这种推荐的具体理由。评标报告作为招标人决标的重要依据，一般应包括以下内容：

（1）基本情况和数据表；
（2）评标委员会成员名单；
（3）开标记录；
（4）符合要求的投标一览表；
（5）废标情况说明；
（6）评标标准、评标方法或者评标因素一览表；
（7）经评审的价格或者评分比较一览表；
（8）经评审的投标人排序；
（9）推荐的中标候选人名单与签订合同前要处理的事宜；
（10）澄清、说明、补正事项纪要。

评标报告由评标委员会全体成员签字。对评标结论持有异议的评标委员会成员可以书面方式阐述其不同意见和理由。评标委员会成员拒绝在评标报告上签字且不陈述其不同意见和理由的，视为同意评标结论。评标委员会应当对此作出书面说明并记录在案。

向招标人提交书面评标报告后，评标委员会即告解散。评标过程中使用的文件、表格以及其他资料应当及时归还招标人。

评标报告的参考格式见表4-1。

4.2.6　评标的具体工作

评标阶段的主要工作有投标文件的符合性鉴定、技术评估、商务评估、综合评审、投标文件的澄清、答辩、资格后审等。

（一）投标文件的符合性鉴定

所谓符合性鉴定是检查投标文件是否实质上响应招标文件的要求，实质上响应的含义是其投标文件应该与招标文件的所有条款、条件规定相符，无显著差异或保留。符合性鉴定一般包括下列内容。

1. 投标文件的有效性

（1）投标人以及联合体形式投标的所有成员是否已通过资格预审，获得投标资格；

（2）投标文件中是否提交了承包人的法人资格证书及投标负责人的授权委托

证书，如果是联合体，是否提交了合格的联合体协议书以及投标负责人的授权委托证书；

（3）投标保证的格式、内容、金额、有效期、开具单位是否符合招标文件要求；

（4）投标文件是否按规定进行了有效地签署，等等。

2. 投标文件的完整性

投标文件中是否包括招标文件规定应递交的全部文件，如标价的工程量清单、报价汇总表、施工进度计划、施工方案、施工人员和施工机械设备的配备等，以及应该提供必要的支持文件和资料。

××工程评标报告　　　　　　　　　　表 4-1

工程名称			
工程编号			
评标委员会评审结果	投标人名称	排名次序	投标价格或评标得分
推荐的中标候选人	次序	中标候选人名称	
	1		
	2		
	3		
评标委员会全体成员签字	兹确认上述评标结果属实，有关评审记录见附件： 　　　　　　　　　　　　　　年　月　日		
招标人决标意见	根据招标文件中规定的评标办法和评标委员会的推荐意见，兹确定： ＿＿＿＿＿＿＿＿＿＿＿＿＿＿＿为中标人。 招标人：（盖章）　　　法定代表人：（签字或盖章） 　　　　　　　　　　　　　　年　月　日		
备　注	本表有附件，附件包括评标委员会成员名单、开标纪录、废标情况说明、评审纪录、分析报告、有关澄清、说明和补正事项纪要等评标过程中形成的文件。本表与附件共同构成评标报告，附件共　　页。		
说　明	本报告由评标委员会和招标人共同填写，一式三份，其中一份在备案时由招标办留存。		

3. 与招标文件的一致性

（1）凡是招标文件中要求投标人填写的空白栏目是否全都填写，作出明确的回答，如投标书及其附录是否完全按要求填写。

（2）对于招标文件的任何条款、数据或说明是否有任何修改、保留和附加条件。

通常符合性鉴定是评标的第一步，如果投标文件实质上不响应招标文件的要求，将被列为废标予以拒绝，并不允许投标人通过修正或撤消其不符合要求的差异或保留，使之成为具有响应性投标。

（二）技术评估

技术评估的目的是确认和比较投标人完成本工程的技术能力，以及他们的施工方案的可靠性。技术评估的主要内容如下：

1. 施工方案的可行性

对各类分部分项工程的施工方法，施工人员和施工机械设备的配备、施工现场的布置和临时设施的安排、施工顺序及其相互衔接等方面的评审，特别是对该项目的关键工序的施工方法进行可行性论证，应审查其技术的最难点或先进性和可靠性。

2. 施工进度计划的可靠性

审查施工进度计划是否满足对竣工时间的要求，并且是否科学合理，切实可行，同时还要审查保证施工进度计划的措施，例如施工机具、劳务的安排是否合理和可能等。

3. 施工质量保证

审查投标文件中提出的质量控制和管理措施，包括质量管理人员的配备、质量检验仪器的配置和质量管理制度。

4. 工程材料和机器设备供应的技术性能符合设计技术要求

审查投标文件中关于主要材料和设备的样本、型号、规格和制造厂家名称、地址等，判断其技术性能是否达到设计标准。

5. 分包商的技术能力和施工经验

如果投标人拟在中标后将中标项目的部分工作分包给他人完成，应当在投标文件中载明。应审查拟分包的工作必须是非主体，非关键性工作；审查分包人应当具备的资格条件，完成相应工作的能力和经验。

6. 对于投标文件中按照招标文件规定提交的建议方案作出技术评审

如果招标文件中规定可以提交建议方案，则应对投标文件中的建议方案的技术可靠性与优缺点进行评估，并与原招标方案进行对比分析。

（三）商务评估

商务评估的目的是从工程成本、财务和经验分析等方面评审投标报价的准确性、合理性、经济效益和风险等，比较投标给不同的投标人产生的不同后果。商务评估在整个评标工作中通常占有重要地位。商务评估的主要内容如下：

（1）审查全部报价数据计算的正确性。通过对投标报价数据全面审核，看其是否有计算上或累计上的算术错误，如果有按"投标者须知"中的规定改正和处理。

（2）分析报价构成的合理性。通过分析工程报价中直接费、间接费、利润和其他采用价比例关系、主体工程各专业工程价格的比例关系等，判断报价是否合理。用标底与投标书中的各项工作内容的报价进行对比分析，对差异较大之处找出原因，并评定是否合理。

（3）分析前期工程价格提高的幅度。虽然投标人为了解决前期施工中资金流通的困难，可以采用不平衡报价法投标，但不允许有严重的不平衡报价。过大地提高前期工程的支付要求，会影响到项目的资金筹措计划。

（4）分析标书中所附资金流量表的合理性。它包括审查各阶段的资金需求计划是否与施工进度计划相一致，对预付款的要求是否合理，调价时取用的基价和调价系数的合理性等内容。

（四）综合评审

综合评审是在以上工作的基础上，根据事先拟定好的评标原则、评价指标和评标办法，对筛选出来的若干个具有实质性响应的招标文件综合评价与比较，最后选定中标人。中标人的投标应当符合下列条件之一：

（1）能最大限度地满足招标文件中规定的各项综合评价标准；

（2）能满足招标文件各项要求，并且经评审的投标价格最低，但是投标价格低于成本的除外。

4.2.7 评标中的有关事宜

1. 投标人对投标文件的澄清

提交投标截止时间以后，投标文件就不得被补充、修改，这是招标投标的基本规则。但评标时，若发现投标文件的内容有含义不明确、不一致或明显打字（书写）错误或纯属计算上的错误的情形，评标委员会则应通知投标人作出澄清或说明，以确认其正确的内容。对明显打字（书写）错误或纯属计算上错误，评标委员会应允许投标人补正。澄清的要求和投标人的答复均应采取书面的形式。投标人的答复必须经法定代表人或授权代理人签字，作为投标文件的组成部分。

但是，投标人的澄清或说明，仅仅是对上述情形的解释和补正，不得有下列行为：

（1）超出投标文件的范围。如投标文件没有规定的内容，澄清时候加以补充；投标文件规定的是某一特定条件作为某一承诺的前提，但解释为另一条件，等等。

（2）改变或谋求、提议改变投标文件中的实质性内容。所谓改变实质性内容，是指改变投标文件中的报价、技术规格（参数）、主要合同条款等内容。这种实质性内容的改变，要的就是为了使不符合要求的投标成为符合要求的投标，或者使竞争力较差的投标变成竞争力较强的投标。例如，在挖掘机招标中，招标文件规定发动机冷却方式为水冷，某一投标人用风冷发动机投标，但在澄清时，该投标人坚持说是水冷发动机，这就改变了实质性内容。

如果需要澄清的投标文件较多，则可以召开澄清会。澄清会应当在招标投标管理机构监督下进行。在澄清会上由评标委员会分别单独对投标人进行质询，先以口头形式询问并解答，随后在规定的时间内投标人以书面形式予以确认，做出正式书面答复。

另外，投标人借澄清的机会提出的任何修正声明或者附加优惠条件不得作为评标定标的依据。投标人也不得借澄清机会提出招标文件内容之外的附加要求。

2. 禁止招标人与投标人进行实质性内容的谈判

《招标投标法》规定："在确定中标人前，招标人不得与投标人就投标价格、投标方案等实质性内容进行谈判。"其目的是为了防止出现所谓的"拍卖"方式，即招标人利用一个投标人提交的投标对另一个投标人施加压力，迫其降低报价或使其他方面变为更有利的投标。许多投标人都避免参加采用这种方法的投标，即使参加，他们也会在谈判过程中提高其投标价或把不利合同条款变为有利合同条款等。

虽然禁止招标人与投标人进行实质性谈判，但是，在招标人确定中标人前，往往需要就某些非实质性问题，如具体交付工具的安排，调试、安装人员的确定，某一技术措施的细微调整等等，与投标人交换看法并进行澄清，则不在禁止之列。另外，即使是在中标人确定后，招标人与中标人也不得进行实质性内容的谈判，以改变招标文件和投标文件中规定的有关实质性内容。

3. 评标无效

评标过程有下列情况之一的，评标无效，应当依法重新进行评标或者重新进行招标，有关行政监督部门可处三万元以下的罚款：

（1）使用招标文件没有确定的评标标准和方法的；

（2）评标标准和方法含有倾向或者排斥投标人的内容，妨碍或者限制投标人之间竞争，且影响评标结果的；

（3）应当回避担任评标委员会成员的人参与评标的；

（4）评标委员会的组建及人员组成不符合法定要求的；

（5）评标委员会及其成员在评标过程中有违法行为，且影响评标结果的。

4. 废除所有投标及重新招标

通常情况下，招标文件中规定招标人可以废除所有的投标，但必须经评标委员会评审。评标委员会经评审，认为所有投标都不符合招标文件要求的，可以否决所有投标。

废除所有的投标一般有两种情况：一是缺乏有效的竞争，如投标不满3家；二是大部分或全部投标文件不被接受，主要有以下几种情况：

（1）投标人不合格。

（2）未依照招标文件的规定投标。

（3）投标文件为不符合要求的投标。

（4）借用或冒用他人名义或证件，或以伪造、变造的文件投标。

（5）伪造或变造投标文件。

（6）投标人直接或间接地提议、给予或同意给予招标人或其他有关人员任何形式的报酬或利益，促使招标人在采购过程中作出某一行为或决定，或采取某一程序。

(7) 投标人拒不接受对计算错误所作的纠正。

(8) 所有投标价格或评标价大大高于招标人的期望价。

判断投标符不符合招标文件的要求，有两个标准：一是，只有符合招标文件中全部条款、条件和规定的投标才是符合要求的投标；二是，投标文件有些小偏离，但并没有根本上或实质上偏离招标文件载明的特点、条款、条件和规定，即对招标文件提出的实质性要求和条件作出了响应，仍可被看作是符合要求的投标。这两个标准，招标人在招标文件中应事先列明采用哪一个，并且对偏离尽量数量化，以便评标时加以考虑。

依法必须进行招标的项目的所有投标被否决的，招标人应当依照《招标投标法》重新进行招标。如果废标是因为缺乏竞争性，应考虑扩大招标广告的范围。如果废标是因为大部分或全部投标不符合招标文件的要求，则可以邀请原来通过资格预审的投标人提交新的投标文件。这里需要注意的是，招标人不得单纯为了获得最低价而废标。

5. 评标管理机构

县级以上（含县级）人民政府建设行政主管部门是建设工程招标评标与定标管理的主管部门，所属招标投标管理机构为具体管理机构。各级招标投标管理机构在招标评标、定标管理工作中的主要职责是：

(1) 审定招标评标、定标组织机构，审定招标文件、评标定标办法及细则；

(2) 审定标底；

(3) 监督开标、评标、定标过程；

(4) 裁决评标、定标分歧；

(5) 鉴证中标通知；

(6) 处罚违反评标、定标规定的行为。

4.3 中　　标

4.3.1 中标的基本概念

1. 中标

所谓中标亦称决标、定标，是指招标人根据评标委员会的评标报告，在推荐的中标候选人（一般为1～3个）中最后确定中标人；在某些情况下，招标人也可以直接授权评标委员会直接确定中标人。

2. 评标中标期限

评标中标期限亦称投标有效期，是指从投标截止之日起到公布中标之日为止的一段时间。有效期的长短根据工程的大小、繁简而定。按照国际惯例，一般为90～120天。我国在施工招标管理办法中规定为30天，特殊情况可适当延长。投标有效期应当在招标文件中载明。投标有效期是要保证评标委员会和招标人有足够的时间对全部投标进行比较和评价。如世界银行贷款项目需考虑报世界银行审查和报送上级部门批准的时间。

投标有效期一般不应该延长，但在某些特殊情况下，招标人要求延长投标有效期是可以的，但必须经招标投标管理机构批准和征得全体投标人的同意。投标人有权拒绝延长有效期，业主不能因此而没收其投标保证金。同意延长投标有效期的投标人不得要求在此期间修改其投标书，而且招标人必须同时相应延长投标保证金的有效期，对于投标保证金的各有关规定在延长期内同样有效。

4.3.2 中标的条件

《招标投标法》规定："中标人的投标应符合下列条件之一："（一）能够最大限度地满足招标文件中规定的各项综合评价标准；（二）能够满足招标文件的实质性要求，并且经评审的投标价格最低；但是投标价格低于成本的除外。"由此规定可以看出中标的条件有两种，即获得最佳综合评价的投标中标，最低投标价格中标。

1. 获得最佳综合评价的投标中标

所谓综合评价，就是按照价格标准和非价格标准对投标文件进行总体评估和比较。采用这种综合评标法时，一般将价格以外的有关因素折成货币或给予相应的加权计算，以确定最低评标价（也称估值最低的投标）或最佳的投标。被评为最低评标价或最佳的投标，即可认定为该投标获得最佳综合评价。所以，投标价格最低的不一定中标。采用这种评标方法时，应尽量避免在招标文件中只笼统地列出价格以外的其他有关标准。如对如何折成货币或给予相应的加权计算没有规定下来，而在评标时才制定出来具体的评标计算因素及其量化计算方法，这样做会使评标带有明显有利于某一投标的倾向性，违背了公平、公正的原则。

2. 最低投标价格中标

所谓最低投标价格中标，就是投标报价最低的中标，但前提条件是该投标符合招标文件的实质性要求。如果投标文件不符合招标文件的要求而被招标人所拒绝，则投标价格再低，也不在考虑之列。

在采用这种条件选择中标人时，必须注意的是，投标价不得低于成本。这里所指的成本，是招标人和投标人自己的个别成本，而不是社会平均成本。由于投标人技术和管理等方面的原因，其个别成本有可能低于社会平均成本。投标人以低于社会平均成本，但不低于其个别成本的价格投标，应该受到保护和鼓励。如果投标人的价格低于招标人的个别成本或自己的个别成本，则意味着投标人取得合同后，可能为了节省开支而想方设法偷工减料、粗制滥造，给招标人造成不可挽回的损失。如果投标人以排挤其他竞争对手为目的，而以低于个别成本的价格投标，则构成低价倾销的不正当竞争行为，违反我国《价格法》和《反不正当竞争法》的有关规定。因此，投标人投标价格低于个别成本的，不得中标。

一般情况下，招标人采购简单商品、半成品、设备、原材料，以及其他性能、质量相同或容易进行比较的货物时，价格可以作为评标时考虑的惟一因素，这种情况下，最低投标价中标的评标方法就可以作为选择中标人的尺度。因此，在这种情况下，合同一般授予投标价格最低的投标人。但是，如果是较复杂的项目，或者招标人招标主要考虑的不是价格而是投标人的个人技术和专门知识及能力，那么，最低投标价中标的原则就难以适用，而必须采用综合评价方法，评选出最佳的投标，这样招标人的目的才能实现。

4.3.3 中标的基本过程

1. 确定中标人

评标委员会按评标办法对投标书进行评审后，提出评标报告，推荐中标候选人（一般为1~3个），并标明排列顺序。招标人应当接受评标委员会推荐的中标候选人，最后由招标人确定中标人，不得在评标委员会推荐的中标人之外确定中标人；在某些情况下，招标人也可以直接授权评标委员会直接确定中标人。评标委员会提出书面评标报告后，招标人一般应当在15日内确定中标人，但最迟应当在投标有效期结束日30个工作日前确定。中标人确定后，由招标人向中标人发出中标通知书，并同时将中标结果通知所有未中标的投标人（即发出未中标通知书）；要求中标人在规定期限内（中标通知书发出30天内）签订合同，招标人与中标人签订合同后5个工作日内，应向未中标的投标人退还投标保证金。另外招标人还要在发出中标通知书之日起15日内向招标投标管理机构提交书面报告备案，至此招标即告圆满成功。

中标通知书和未中标通知书参考格式见表4-2和表4-3。

×××工程中标通知书　　　　　　　　　　　　　表4-2

（中标人名称）　　　　：

（招标人名称）的（工程项目名称）工程，于＿＿＿＿年＿＿＿＿月＿＿＿＿日公开开标后，已完成评标标工作和向建设行政在主管部门提交该施工招标投标情况的书面报告工作，现确定你单位为中标人，中标标价为＿＿＿（币种，金额，单位）　，中标工期自＿＿＿＿年＿＿＿＿月＿＿＿＿日开工，＿＿＿＿年＿＿＿＿月＿＿＿＿日竣工，总工期为＿＿＿＿日历天，工程质量要求符合(工程施工质量验收规范)。项目经理为＿＿＿＿＿＿。

你单位收到中标通知书后，须在＿＿＿＿年＿＿＿月＿＿＿日＿＿＿时＿＿＿分前到＿＿＿（地点）与招标人签订合同。

招标人：＿＿＿＿＿＿＿＿＿＿＿＿（签章）

法定代表人或其委托代理人：＿＿＿＿＿＿＿（签字、盖章）

招标代理机构：＿＿＿＿＿＿＿＿＿＿（签章）

法定代表人或其委托代理人：＿＿＿＿＿＿＿（签字、盖章）

＿＿＿＿年＿＿＿＿月＿＿＿＿日

×××工程未中标通知书　　　　　　　　　　　　表4-3

（投标单位名称）：

我单位（招标工程名称）工程招标，经评标小组评议、上级主管部门核准，已由（中标单位名称）中标。请接到本通知后，于＿＿＿＿年＿＿＿＿月＿＿＿＿日以前，来我单位交还全部招标文件和图纸，并领回投标保证金，以清手续。

招标人（盖章）

＿＿＿＿年＿＿＿＿月＿＿＿＿日

2. 投标人提出异议

招标人全部或部分使用非中标单位投标文件中的技术成果和技术方案时，需征得其书面同意,并给予一定的经济补偿。

如果投标人在中标结果确定后对中标结果有异议,甚至认为自己的权益受到了招标人的侵害,有权向招标人提出异议,如果异议不被接受,还可以向国家有关行政监督部门提出申诉,或者直接向人民法院提起诉讼。

3. 招标投标结果的备案制度

招标投标结果的备案制度,是指依法必须进行招标的项目,招标人应当自确定中标之日起 15 日内,向有关行政监督部门提交招标投标情况的书面报告。

书面报告至少应包括下列内容:

(1) 招标范围;

(2) 招标方式和发布招标公告的媒介;

(3) 招标文件中投标人须知、技术条款、评标标准和方法、合同主要条款等内容;

(4) 评标委员会的组成和评标报告;

(5) 中标结果。

由招标人向国家有关行政监督部门提交招标投标情况的书面报告,是为了有效监督这些项目的招标投标情况,及时发现其中可能存在的问题。值得注意的是,招标人向行政监督部门提交书面报告备案,并不是说合法的中标结果和合同必须经行政部门审查批准后才能生产,但是法律另有规定的除外。也就是说,中标结果上报只是备案,而不是去经审查批准。

4.3.4 中标通知书

1. 中标通知书的性质

中标人确定后,招标人应迅速将中标结果通知中标人及所有未中标的投标人。我国招标投标管理办法规定为 7 日内发出通知,有的国家和地区规定为 10 日。中标通知书就是向中标的投标人发出的告知其中标的书面通知文件。

我国《合同法》规定,订立合同采取要约和承诺的方式。要约是希望和他人订立合同的意思表示,该意思表示内容具体,且表明经受要约人承诺,要约人即受该意思表示的约束;承诺是受要约人同意要约的意思表示,应当以通知的方式作出,但根据交易习惯或者要约表明可以通过行为作出承诺的除外。据此可以认为,投标人提交的投标属于一种要约,招标人的中标通知书则为对投标人要约的承诺。

2. 中标通知书的法律效力

中标通知书作为招标投标法规定的承诺行为,与合同法规定的一般性的承诺不同,它的生效不能采用"到达主义",而应采取"发信主义",即中标通知书发出时生效,对中标人和招标人产生约束力。理由是,按照"到达主义"的要求,即使中标通知书及时发出,也可能在传递过程中并非因招标人的过错而出现延误、丢失或错投,致使中标人未能在有效期内收到该通知,招标人则丧失了对中标人的约束权。而按照"发信主义"的要求,招标人的上述权利可以得到保护。

《招标投标法》规定,中标通知书发出后,招标人改变中标结果的,或者中标人放弃中标项目的，应当依法承担法律责任。《合同法》规定，承诺生效时合同成立。因此中标通知书发出时，即发生承诺生效、合同成立的法律效力。招标人改变中标结果，变更中标人，实质上是一种单方面撕毁合同的行为；投标人放弃中标项目的，则是一种拒绝履行合同的行为。两种行为都属于违约行为，所以应当承担违约责任。

4.3.5 中标过程中的违法行为及法律责任

（一）投标人骗取中标的违法行为及应负的法律责任

1. 违法行为

（1）投标人以他人名义投标。《招标投标法》规定，投标人应当具备承担招标项目的能力；国家有关规定或者招标文件对投标人资格条件有规定的，招标人应当具备规定的资格条件。投标人如果不具备承担招标项目的能力或者没有应当具备的资格条件，而以其他有能力或有资格条件的投标人的名义投标以骗取中标的，即属违法。投标人以他人名义投标可能出于以下几种原因：

①投标人没有承担招标项目的能力；

②投标人不具备国家要求的或者招标文件要求的从事该招标项目的资质；

③投标人曾因违法行为而被工商行政管理机关吊销营业执照；

④投标人因违法行为而被有关行政监督部门在一定期限内取消其从事相关业务的资格等。

（2）以其他方式弄虚作假，骗取中标。如伪造资质证书，营业执照，在递交的资格审查材料中弄虚作假等。

2. 法律责任的形式

（1）赔偿损失。投标人弄虚作假的行为给招标人造成损失的，依法承担赔偿责任。损害赔偿的对象为因投标人骗取中标的行为而遭受损害的招标人。

一般来说，投标人的赔偿责任应当仅限于财产损失，而不包括精神损害。投标人的赔偿范围既包括直接损失，也包括间接损失。直接损失如因骗取中标导致中标无效后重新进行招标的成本。间接损失如项目的预期收益的损失等。

（2）依法追究刑事责任。投标人弄虚作假骗取中标的行为情节严重构成犯罪的，应由司法机关依法追究投标人的刑事责任。单位构成犯罪的，对单位处以罚款，对直接负责的主管人员和其他直接负责人处以相应的刑罚。

（3）罚款。它包括对投标人处以罚款和对投标单位直接负责的主管人员和其他直接责任人员处以罚款。对投标人处以中标项目金额千分之五以上千分之十以下的罚款，对中标单位直接负责的主管人员和其他直接责任人员处以单位罚款数额百分之五以上百分之十以下的罚款。

（4）并处没收违法所得。依法必须进行招标项目的投标人通过弄虚作假骗取中标并从中谋取非法利益的，除罚款外，有关行政监督部门还应对其并处没收违法所得。

（5）取消投标资格。依法必须进行招标的项目的投标人弄虚作假骗取中标的行为情节严重的，由有关行政监督部门取消其一年至三年内参加依法必须招标的项目的投标资格并予以公告。由于该处罚对投标人较为严重，在作出该处罚决定时应慎重从事。所谓情节严重，是指骗取中标的行为所导致的后果严重、投标人多次实施了骗取中标的行为、骗取中标的手段较为恶劣等。

另外，只有在违法投标人实际具有投标资格时，才谈得上取消投标资格。如果行为人正是因为没有投标资格而以弄虚作假的方式谎称有投标资格以骗取中标的话，有关行政监督部门只能采取其他处罚方式，而无取消投标资格而言。

（6）吊销营业执照。依法必须进行招标项目的投标人弄虚作假骗取中标的违法行为情节严重，取消其一定期限内参与招标项目的投标资格尚不足以达到制裁的目的，工商行政管理机关应吊销投标人的营业执照。被吊销营业执照就意味着投标人不得从事任何经营业务。

（二）招标人违法谈判行为及应负法律责任

招标人和投标人在中标人确定前就投标价格、投标方案等实质性内容进行磋商、谈判，就构成违法，属于违法谈判行为。

招标人对其违法谈判行为应负的法律责任主要有警告、给予处分两种形式。警告是指有关行政监督部门对违法行为人实施的一种书面的谴责和告诫；处分主要是指行政纪律处分，是依照组织章程、决议对内部违纪工作人员作出的惩罚性措施。

（三）招标人不按要求确定中标人的违法行为及应负的法律责任

1. 违法行为

（1）招标人在评标委员会依法推荐的中标候选人以外确定中标人。评标委员会评标工作的最终目的就是向招标人推荐合格的中标候选人，或者根据招标人的授权直接确定中标人，招标人只能在评标委员会推荐的中标候选人中选定中标人，否则构成违法。这是招标投标法的规定。法律作出此规定的目的在于防止招标人因为人情、利害关系等原因而不能保证评标结果的公正性。如果招标人在评标委员会推荐的中标候选人之外确定中标人，就会使评标委员会的工作失去意义，难以保证招标结果的公正。

（2）在所有投标被评标委员会否决后自行确定中标人。评标委员会经评审，认为所有投标都不符合招标文件要求的，可以否决所有投标。所有投标被否决意味着没有符合条件的投标人，说明招标失败。为了选择最佳的合同对方，实现法律规定强制招标的目的，招标人应依法重新招标，而不能出于简便、节约成本等考虑，在所有投标人被评标委员会否决后自行确定中标人。

2. 法律责任的形式

（1）责令改正。对于有前述违法行为的招标人，有关行政监督部门应当责令其于一定期限内改正，在评标委员会推荐的候选人中确定中标人，或者在所有的投标人均被评标委员会否定的情况下，重新进行招标。

（2）罚款。对于有前述违法行为的招标人，有关行政监督部门可以对其处以中标项目金额千分之五以上千分之十以下的罚款。招标人及时纠正错误的，可以不予罚款。

（3）给予处分。招标单位直接负责的主管人员和其他直接责任人员属于国家工作人员的，有关主管机关应当对其给予行政处分。视情节的轻重，可分别给予记过、记大过、警告、降职、降级、开除等不同的处罚。

招标单位的直接负责的主管人员和其他直接责任人员不属于国家工作人员的，有关行政主管机关应责令招标单位依照内部规章给予纪律处分。

4.3.6 中标无效

（一）中标无效的含义

所谓中标无效，就是招标人确定的中标失去了法律约束力。也就是说依照违法行为获得中标的投标人丧失了与招标人签订合同的资格，招标人不再负有与中标人签订合同的义务；在已经与招标人签订了合同的情况下，所签合同无效。中标无效为自始无效。

（二）导致中标无效的情况

《招标投标法》规定中标无效主要有以下六种情况：

（1）招标代理机构违反本法规定，泄露应当保密的与招标投标活动有关的情况和资料，或者与招标人、投标人串通损害国家利益、社会公共利益或者他人合法权益的行为影响中标结果的，中标无效。

（2）招标人向他人透露已获取招标文件的潜在投标人的名称、数量或者可能影响公平竞争的有关招标投标的其他情况，或者泄露标底的行为影响中标结果的，中标无效。

（3）投标人相互串通投标，投标人与招标人串通投标的，投标人以向招标人或者评标委员会行贿的手段谋取中标的，中标无效。

①《工程建设项目施工招标投标办法》规定，下列行为均属投标人串通投标报价：

a. 投标人之间相互约定抬高或压低投标报价；

b. 投标人之间相互约定，在招标项目中分别以高、中、低价位报价；

c. 投标人之间先进行内部竞价，内定中标人，然后再参加投标；

d. 投标人之间其他串通投标报价的行为。

②下列行为均属招标人与投标人串通投标：

a. 招标人在开标前开启招标文件，并将投标情况告知其他投标人，或者协助投标人撤换投标文件，更改报价；

b. 招标人向投标人泄露标底；

c. 招标人与投标人商定，投标时压低或抬高标价，中标后再给投标人或招标人额外补偿；

d. 招标人预先内定中标人；

e. 其他串通投标行为。

（4）投标人以他人名义投标或者以其他方式弄虚作假，骗取中标的，中标无效。以他人名义投标，指投标人挂靠其他施工单位，或从其他单位通过转让或租借的方式获取资格或资质证书，或者由其他单位及其法定代表人在自己编制的投标文件上加盖印章和签字等行为。

(5) 依法必须进行招标的项目，招标人违反本法规定，与投标人就投标价格、投标方案等实质性内容进行谈判的行为影响中标结果的，中标无效。

(6) 招标人在评标委员会依法推荐的中标候选人以外确定中标人的，依法必须进行招标的项目在所有投标被评标委员会否决后自行确定中标人的，中标无效。

从以上六种情况看，导致中标无效的情况可分为两大类：一类为违法行为直接导致中标无效，如（3）、（4）、（6）的规定；另一类为只有在违法行为影响了中标结果时，中标才无效，如（1）、（2）、（5）的规定。

（三）中标无效的法律后果

中标无效的法律后果主要分两种情况，即没有签订合同时中标无效的法律后果和签订合同中标无效的法律后果。

1. 尚未签订合同中标无效的法律后果

在招标人尚未与中标人签订书面合同的情况下，招标人发出的中标通知书失去了法律约束力，招标人没有与中标人签订合同的义务，中标人失去了与招标人签订合同的权利。其中标无效的法律后果有以下两种：

(1) 招标人依照法律规定的中标条件从其余投标人中重新确定中标人；

(2) 没有符合规定条件的中标人的，招标人应依法重新进行招标。

2. 签订合同中标无效的法律后果

招标人与投标人之间已经签订合同的，所签合同无效。根据《民法通则》和《合同法》的规定，合同无效产生以下后果：

(1) 恢复原状。根据《合同法》的规定，无效的合同自始没有法律约束力。因该合同取得的财产，应当予以返还；不能返还或者没有必要返还的，应当折价补偿。

(2) 赔偿损失。有过错的一方应当赔偿对方因此所受的损失。如果招标人、投标人双方都有过错的，应当各自承担相应的责任。另外根据《民法通则》的规定，招标人知道招标代理机构从事违法行为而不作反对表示的，招标人应当与招标代理机构一起对第三人负连带责任。

(3) 重新确定中标人或重新招标。

4.3.7 签订合同

1. 合同的签订

招标人和中标人应当自中标通知书发出之日起 30 日内，按照招标文件和中标人的投标文件订立书面合同。招标人和中标人不得再行订立背离合同实质性内容的其他协议，如果投标书内提出的某些非实质性偏离的不同意见而发包人也同意接受时，双方应就这些内容通过谈判达成书面协议。通常的做法是，不改动招标文件中的通用条件和专用条件，将某些条款协商一致后改动的部分在合同协议书附录中予以明确。合同协议书附录经过双方签字后将作为合同的组成部分。

2. 投标保证和履约保证

(1) 投标保证金的退还。按照建设法规的规定，若招标人收取投标保证金，应当自合同签订之日起 7 日内，将投标保证金退还给中标人和未中标人。

除不可抗力外，中标人不与招标人签订合同的，招标人可以没收其投标保证金；招标人不与中标人签订合同的，应当向中标人双倍返还投标保证金。给对方造成损失的，依法承担赔偿责任。

(2) 提交履约保证。如果招标文件要求中标人提交履约担保，中标人应当提交。履约担保可以采用银行出具的履约保函或招标人可以接受的企业法人提交的履约保证书其中的任何一种形式。若中标人不能按时提供履约保证，可以视为投标人违约，没收其投标保证金，招标人再与下一位中标候选人商签合同。按照建设法规的规定，当招标文件中要求中标人提供履约保证时，招标人也应当向中标人提供工程款支付担保。

复习思考题

1. 何谓开标、评标与中标？
2. 简述开标的过程。
3. 废标的条件有哪些？
4. 简述评标委员会人员构成及其任职条件。
5. 评标的标准有哪些？
6. 结合实例用接近标底法和综合评分法对投标文件进行评价。
7. 评标过程中招标人和投标人进行谈判、协商的内容有何限制？
8. 为什么要规定评标中标期限？其期限如何规定？
9. 什么是中标无效？导致中标无效的原因有哪些？
10. 开标的形式有几种？

第5章 建设工程施工合同

学习要点：了解《建设工程施工合同》的合同条款，重点掌握如下内容：建设工程合同文件的组成；发包人和承包人的工作；材料和设备的质量控制；隐蔽工程与重新检验；施工进度计划的管理；竣工阶段的验收；工程款的支付与结算；工程的保修条款等内容。

5.1 概 述

5.1.1 建设工程施工合同的概念

1. 施工合同的概念

建设工程施工合同，是发包人与承包人进行工程建设施工，确认双方权利和义务的合同。

施工合同主要包括建筑施工、设备安装、设备调试、工程保修等工作方面内容，这里的建筑施工是指对工程进行营造的行为。安装主要是指与工程有关的线路、管道、设备等设施的装配。依照施工合同，承包人应完成一定的建筑、安装工程任务，发包人应提供必要的施工条件并支付工程价款。因此，施工合同也称为建筑安装工程承包合同，即是发包人和承包人为完成商定的建筑安装工程，明确相互权利、义务关系而达成的协议。

建设工程施工合同是建设工程合同的主要合同，它与其他建设工程合同一样是双务有偿合同，应建立在自愿、公平、公正、诚信的基础上而订立、履行、变更、终止。

2. 施工合同的特征

(1) 施工合同的标的具有特殊性。施工合同的标的是建设工程，其显著特点是具有固定性、多样性、体积庞大。这些特点必然要在施工合同中反映出来。

(2) 施工合同的履行时间较长。由于建设工程本身的特殊性，工程建设从开工到竣工不是一朝一夕就能完成的，生产周期较长，因此，合同的履行期也较长。

(3) 施工合同的条款多。建设工程结构复杂，又不可分割，施工过程中需要投入大量的人力、物力、财力，因此，决定了施工合同条款必须具体明确和完整。

(4) 施工合同综合性强。建设工程施工过程中联系面广，涉及面多，影响施工的因素较多，这些都必须在施工合同中综合考虑。

5.1.2 施工合同的作用

(1) 施工合同确定了建设工程施工及管理的目标，主要包括工期、质量、价格。这些目标是合同双方当事人在工程施工中进行各种经济活动的依据。即是工程建设质量控制、进度控制、费用控制的主要依据。

(2) 在市场经济条件下，建设市场主体之间相互的权利、义务关系主要是通过合同确立的，施工合同一经签订，合同使承发包双方形成了一定的经济法律关系。双方都可以利用合同保护自己的权益，限制和制约对方。

(3) 施工合同是建设工程施工过程中承发包双方的最高行为准则。工程施工过程中的一切活动都是为了履行合同，都必须按合同办事，承发包双方的行为主要靠合同来约束，工程施工管理是以施工合同为核心。

(4) 在施工合同中，实行的是以工程师为核心的管理体系（虽然工程师不是施工合同当事人）。因此，施工合同也是监理工程师监督管理工程的依据。要使监理工程师秉公办事，监督承发包双方履行各自义务，一份完备公平的合同是基本前提条件。

(5) 施工合同是建设工程施工过程中承发包双方解决争议的依据。施工合同是发包人和承包人双方经过协商而达成一致的协议。但由于承发包双方利益的不一致性，在施工过程中发生争议是难免的。施工合同为解决争议提供依据。

5.1.3 施工合同的签订条件

1. 施工合同签订的依据
(1) 中华人民共和国合同法；
(2) 中华人民共和国建筑法；
(3) 建设工程施工合同管理办法；
(4) 建设工程施工合同示范文本。

2. 施工合同签订的必备条件
(1) 初步设计已经批准；
(2) 工程项目已列入年度计划；
(3) 有能够满足施工需要的设计文件和有关技术资料；
(4) 建设资金和主要建筑材料设备来源已经落实；
(5) 招投标工程的中标通知书已经下达。

5.1.4 施工合同主体的资质管理

施工合同的当事人是发包人和承包人，双方是平等的民事主体。承发包双方签订施工合同，必须具备相应资质条件和履行施工合同的能力。发包人既可以是建设单位，也可以是取得建设项目总承包资格的项目总承包单位。对合同范围内的工程实施建设时，发包人必须具备组织协调能力；承包人必须具备有关部门核定的资质等级并持有营业执照等证明文件。

《建筑法》第13条规定，建筑施工企业按照其拥有的注册资本、专业技术人员、技术装备和已完成的建筑工程业绩等资质条件，划分为不同的资质等级，经资质审查合格，取得相应等级的资质证书后，方可在其资质等级许可的范围内从事建筑活动。

1. 建筑施工企业的分类

施工企业分为工程总承包企业、施工承包企业和专业分包企业。

施工总承包企业是指从事工程施工阶段总承包活动的企业,应当具备施工图设计、工程施工、设备采购、材料订货、工程技术开发应用、配合生产使用部门进行生产准备直到竣工投产等能力。从事工程勘察和设计,须取得相应工程勘察和设计资格证书。

施工承包企业是指从事工程施工承包活动的企业。

专业分包企业是指从事工程施工专项分包活动和承包限额以下小型工程活动的企业。限额以下小型工程活动的范围,由省、自治区、直辖市人民政府的建设行政主管部门确定。

2. 建筑施工企业的资质等级与资质标准

工程施工总承包企业资质等级分为一、二级;施工承包企业资质等级分为一、二、三、四级。专业分包企业的管理办法有省、自治区、直辖市人民政府的建设行政主管部门制定。建设施工企业的资质标准为:

(1) 一级企业:近10年承担了大型工业项目,单位工程建筑面积25000平方米以上,25层以上或单跨30米跨度以上的建筑工程两项以上有建筑施工,且工程质量合格;企业经理具有10年以上从事施工管理工作的经历;具有10年以上从事建筑施工技术管理工作经历、本专业高级职称的总工程师;具有高级专业职称的总会计师;具有高级职称的总经济师;企业有职称的工程、经济、会计、统计等人员不少于350人,其中具有工程系列职称的人员不少于200人,工程系列职称中的人员中,具有中、高级职称的人员不少于50人;具有一级资质的项目经理不少于10人;企业资本金3000万元以上,生产经营用固定资产原值2000万元以上,具有相应的施工机械设备与质量检验测试手段;企业年完成建筑业总产值12000万元以上,建筑业增加值3000万元以上。

(2) 二级企业:近10年承担了中型工业项目,单位工程建筑面积10000平方米以上,15层以上或单跨21米跨度以上的建筑工程两项以上的建筑施工,且工程质量合格;企业经理具有8年以上从事施工管理工作的经历;具有8年以上从事建筑施工技术管理工作经历、本专业高级职称的总工程师;具有中级专业职称以上的总会计师;具有中级职称以上的总经济师;企业有职称的工程、经济、会计、统计等人员不少于150人,其中具有工程系列职称的人员不少于80人,工程系列职称中的人员中,具有中、高级职称的人员不少于20人;具有二级资质的项目经理不少于10人;企业资本金1500万元以上,生产经营用固定资产原值1000万元以上;具有相应的施工机械设备与质量检验测试手段;企业年完成建筑业总产值6000万元以上,建筑业增加值1500万元以上。

(3) 三级企业:近10年承担了单位工程建筑面积5000平方米以上,6层以上或单跨15米跨度以上的建筑工程两项以上的建筑施工且工程质量合格;企业经理具有5年以上从事施工管理工作的经历;具有5年以上从事建筑施工技术管理工作经历、本专业中级职称以上的技术负责人;具有会计师职称以上的财务负责人;企业有职称的工程、经济、会计、统计等人员不少于40人,其中具有工程系列职称的人员不少于 25 人，工程系列职称中的人员中，具有中级职称以上的人员不少于 5 人；具有三级资质的项目经理不少于 8 人；企业资本金 500 万元以上，生产经营用固定资产原值 300 万元以上；具有相应的施工机械设备与质量检验测试手段；企业年完成建筑业总产值 1500 万元以上，建筑业增加值 400 万元以上。

(4) 四级企业：近 10 年承担了单位工程建筑面积 1500 平方米以上，4 层以上或单跨 9 米跨度以上的建筑工程两项以上的建筑施工，且工程质量合格；企业经理具有 3 年以上从事施工管理工作的经历；具有 3 年以上从事建筑施工技术管理工作经历、本专业助理工程师职称以上的技术负责人；具有助理会计师职称以上的财务负责人；企业有职称的工程、经济、会计、统计等人员不少于 15 人，其中具有工程系列职称的人员不少于 8 人，工程系列职称中的人员中，具有中级职称以上的人员不少于 1 人；具有四级资质的项目经理不少于 3 人；企业资本金 100 万元以上，生产经营用固定资产原值 60 万元以上；具有相应的施工机械设备与质量检验测试手段；企业年完成建筑业总产值 300 万元以上，建筑业增加值 80 万元以上。

3. 建筑施工企业承包工程范围

(1) 一级企业可承担各种类型工业与民用建设项目的建筑施工。

(2) 二级企业可承担 30 层以下、30m 跨度以下的建筑物，高度 100m 以下的构筑物的建筑施工。

(3) 三级企业可承担 16 层以下、24m 跨度以下的建筑物，高度 50m 以下的构筑物的建筑施工。

(4) 四级企业可承担 8 层以下、18m 跨度以下的建筑物，高度 30m 以下的构筑物的建筑施工。

建筑施工企业必须在资质许可的范围内从事建筑活动。

5.2 建设工程施工合同范本简介

为了规范建筑市场的秩序和施工合同当事人双方的行为，完善建设工程合同制度，解决建设工程施工合同中长期存在的合同文本不规范、条款不完备、合同纠纷多等问题，国家建设部、国家工商行政管理局根据有关工程建设施工的法律、法规，结合我国工程建设施工的实际情况，并借鉴了国际上广泛使用的土木工程施工合同（特别是 FIDIC 土木工程施工合同条件），制定了我国《建设工程施工合同（示范文本）》（GF—1999—0201），这是包括各类公用建筑、民用住宅、工业厂房、交通设施及线路管理的施工和设备安装的样本。

在建设工程施工承发包工作中，一个全面、完善、科学、合理的合同文本，对于保证工程的质量、工期和效益，对于提高企业的管理水平，保证合同的履行，具有非常重要的作用。示范文本中的条款属于推荐使用，应结合具体工程的特点加以取舍、补充，最终形成责任明确、操作性强的合同。

5.2.1 《建设工程施工合同（示范文本）》（GF—1999—0201）制定的原则

1. 依法制定的原则

《合同法》规定，当事人订立、履行合同，应当遵守法律、行政法规，同时规定，依法成立的合同，对当事人具有法律约束力。只有依法订立的合同，当事人的合法权益才能受到法律的保护。建设工程施工是一项非常复杂的工作，涉及面广，综合性强。不仅涉及施工，还涉及城市规划、工程设计、金融保险、物资供应、劳动保护、租赁、运输、保管、环境以及专利和文物的方面的问题。因此，制定《建设工程施工合同（示范文本）》必须依照《合同法》、《民法通则》、《建筑法》、《招标投标法》等有关的法律法规制定。

2. 平等自愿、协商一致的原则

《合同法》规定，合同当事人的法律地位平等，一方不得将自己的意志强加给另一方。当事人依法享有自愿订立合同的权利，任何单位和个人不得非法干预。由于《建设工程施工合同（示范文本）》具有格式条款内容，因此，这一原则就更为重要。平等原则主要体现在有关权利与义务的规定上。协商一致则体现在专用条款上，即双方对通用条款的有关内容和其他问题可以进行协商，只要双方协商一致，就可以在专用条款中对通用条款提出修改或补充。

3. 优先解释、诚实信用的原则

由于建筑工程施工工期长、联系面广、影响因素多，在制定《建设工程施工合同（示范文本）》时，条款和内容力求完备。由于合同文件较多，因此，规定合同文件能相互解释，互为说明。除专用条款另有约定外，应依据合同文件的优先顺序予以解释。当事人双方在签订和执行合同时，应当诚实，讲求信用，以善意与合作的方式履行合同规定的义务。《合同法》规定，当事人行使权利、履行义务应当遵循诚实信用原则。当事人对合同条款的理解有争议的，应当按照合同所使用的词句、合同的有关条款、合同的目的、交易习惯以及诚实信用原则，确定该条款的真实意思。

4. 实事求是、从我国实际出发的原则

改革开放，使我国的建筑市场和工程管理发生了很大的变化，取得了不少的进步。但是应该看到，我国建筑市场的发育还不完善，各项配套政策和措施还不健全，地区之间、企业之间在合同管理的水平上还存在很大的差距，建筑施工企业的管理水平总体上来说还较低，在工程的监管上还只能是推行建筑工程监理制度。因此，《建设工程施工合同（示范文本）》的制定仍然要考虑我国工程建设以建设单位管理为主的现实状况出发，有关条款仍然要考虑按甲方代表管理来制定。

5. 对外开放、提高合同管理水平的原则

制定《建设工程施工合同（示范文本）》的目的是为了提高我国建筑施工企业的管理水平，与国际惯例接轨，为我国建筑施工企业走向国际市场，更好地参与国际竞争。在这个原则指导下，《建设工程施工合同（示范文本）》借鉴了国际通用的 FIDIC《土木工程施工合同条件》和一些国家及地区的合同文本，通过严格的程序、严密的文字和完备的条款，对当事人双方的责任和义务约定了较高的要求。借鉴了 FIDIC《土木工程施工合同条件》以工程师为条件的管理体系的做法，尽可能向国际惯例靠拢，由此来提高施工企业的素质，提高工程建设的管理水平和效益。

5.2.2 《建设工程施工合同（示范文本）》简介

《建设工程施工合同（示范文本）》由"协议书"、"通用条款"、"专用条款"三部分组成，并附有三个附件。

1. 协议书

"协议书"是《建设工程施工合同文本》中总纲性的文件，是发包人与承包人依照《中华人民共和国合同法》、《中华人民共和国建筑法》及其他有关法律、行政法规，遵循平等、自愿、公平和诚实信用的原则，就建设工程施工中最基本、最重要的事项协商一致而订立的合同。虽然其文字量并不大，但它规定了合同当事人双方最主要的权利、义务，规定了组成合同的文件及合同当事人对履行合同义务的承诺，并且合同当事人在这份文件上签字盖章，因此具有很高的法律效力。"协议书"主要包括以下十个方面的内容：

（1）工程概况。主要包括：工程名称；工程地点；工程内容；群体工程应附承包人承揽工程项目一览表；工程立项批准文号；资金来源等。

（2）工程承包范围。

（3）合同工期。包括：开工日期；竣工日期；合同工期总日历天数。

（4）质量标准。

（5）价款（分别用大、小写表示）。

（6）组成合同的文件。组成合同的文件包括：本合同协议书；中标通知书；投标书及其附件；本合同专用条款；本合同通用条款；标准规范及有关技术文件；图纸；工程量清单；工程报价单或预算书。双方有关工程的洽商、变更等书面协议或文件视为本合同的组成部分。

（7）本协议书中有关词语含义与合同示范文本"通用条款"中分别赋予它们的定义相同。

（8）承包人向发包人承诺按照合同约定进行施工、竣工并在质量保修期内承担工程质量保修责任。

（9）发包人向承包人承诺按照合同约定的期限和方式支付合同价款及其他应当支付的款项。

（10）合同生效。包括：合同订立时间（年、月、日）；合同订立地点；本合同双方约定生效的时间。

2. 通用条款

"通用条款"是根据《合同法》、《建筑法》、《建设工程施工合同管理办法》等法律、法规对承发包双方的权利、义务做出的规定，除双方协商一致对其中的某些条款作了修改、补充或取消，双方都必须履行。它是将建设工程施工合同中共性的一些内容抽象出来编写一份完整的合同文件。"通用条款"具有很强的通用性，基本适用于各类建设工程；"通用条款"共有11部分47条组成。这部分内容在下一节选择性地介绍。

3. 专用条款

考虑到建设工程的内容各不相同，工期、造价也随之变动，承包人、发包人各自的能力、施工现场的环境和条件也各不相同,"通用条款"不能完全适用于各个具体工程,因此配之以"专用条款"对其作必要的修改和补充,使"通用条款"和"专用条款"成为双方统一意愿的体现。"专用条款"的条款号与"通用条款"相一致,但主要是空格,由当事人根据工程的具体情况予以明确或者对"通用条款"进行修改、补充。

4. 附件

《建设工程施工合同(示范文本)》的附件是对施工合同当事人的权利、义务的进一步明确,并且使得施工合同当事人的有关工作一目了然,便于执行和管理。附有三个附件:附件一是"承包人承揽工程项目一览表";附件二是"发包人供应材料设备一览表";附件三是"工程质量保修书"。

5.3 施工合同的订立

5.3.1 工期与合同价款

(一) 工期

工期指发包人、承包人在协议书中约定,按总日历天数(包括法定节假日)计算的承包天数。在合同协议书中应明确注明开工日期、竣工日期、和合同工期总日历天数。通过招标选择承包人,工期总日历天数应为承包人投标书中承诺的合同工期总日历天数。不一定是招标文件要求的天数,认为招标文件通常规定本招标工程最长允许的施工工期,而承包人为了竞争,申报的投标工期往往短于招标文件限定的施工工期,这也是评标比较的一项重要内容。因此,以中标通知书中注明的发包人接受的施工工期为合同的施工工期。

合同内如果有发包人要求分段交工的单位工程或分部工程时,在专用条款中约定中间交工工程的范围和竣工时间。

(二) 合同价款

指发包人、承包人在协议书中约定,发包人用以支付承包人按照合同约定完成承包范围内全部工程并承担质量保修责任的款项。

1. 约定的合同价款

在合同协议书中应约定合同价款。虽然中标通知书中已注明了来源于投标书的中标合同价款,但考虑到某些工程可能不是通过招标选择的承包人,如合同价值低于法规要求必须招标的小型工程或出于保密要求直接发包的工程等,因此,标准化合同协议书内仍要求填写合同价款。非招标工程的合同价款,由当事人双方依据工程预算书协商后,填写在协议书内。

2. 追加合同价款

在合同的许多条款内涉及"费用"和"追加合同价款"两个专用术语。追加合同价款是指,合同履行中发生需要增加合同价款的情况,经发包人确定后,按照计算合同价款的方法,给承包人增加的合同价款。费用指不包含在合同价款之内的应当由发包人或承包人承担的经济支出。

3. 合同的计价方式

通用条款中规定有三类可选择的计价方式，本合同采用何种方式须在专用条款中说明。可选择的计价方式有：

（1）固定价格合同，是指在约定的风险范围内价款不再调整的合同。这种合同的价款并不是绝对不可调整，而是约定范围内的风险由承包人承担。工程承包活动中采用的总价合同和单价合同均属于此类合同。双方须在专用条款内约定合同价款包含的风险范围、风险费用的计算方法和承包风险范围以外对合同价款影响的调整方法，在约定的风险范围内合同价款不再调整。

（2）可调价格合同，是价格可以调整的合同，针对固定价格而言，通常用于工期较长的施工合同。如工期在 18 个月以上的合同，发包人和承包人在招投标阶段和签订合同时不可能合理预见一年半以后物价浮动和后续法规变化对合同价款的影响，为合理分担外界因素影响的风险，应采用可调价合同。对于工期较短的合同，专用条款内也要约定因外部条件变化对施工产生成本影响可以调整合同价款的内容。可调价合同的计价方式与固定价格合同基本相同，只是增加可调价的条款，因此在专用条款内应明确约定调价的范围和计算方法。

（3）成本加酬金合同，是指发包人负担全部工程成本，对承包人完成的工作支付相应酬金的计价方式。这类计价方式通常用于紧急工程施工，如灾后修复工程；或采用新技术新工艺施工，双方对施工成本均心中无底，为了合理分担风险采用此种方式。合同双方应在专用条款内约定成本构成和酬金的计算方法。

具体工程承包的计价方式不一定是单一的方式，只要在合同内明确约定具体工作内容采用的计价方式，也可以采用组合计价方式。如工期较长的施工合同，主体工程部分采用可调价的单价合同；而某些较简单的施工部位采用不可调价的固定总价承包；涉及使用新工艺施工部位或某项工作，用成本加酬金方式结算该部分的工程款。

4. 工程预付款的约定

施工合同的支付程序中是否有预付款，取决于工程的性质、承包工程量的大小以及发包人在招标文件中的规定。预付款是发包人为了帮助工程施工前期资金紧张的困难，提前给付的一笔款项。在专用条款内应约定预付款总额、一次或分阶段支付的时间及每次付款的比例（或金额）、扣回的时间及每次扣回的计算方法、是否需要承包人提供预付款保函等相关内容。

5. 支付工程进度款的约定

在专用条款内约定工程进度款的支付时间和支付方式。工程进度款支付可以采用按月计量支付、按里程碑完成工程的进度分阶段支付或完成工程后一次性支付等方式。对合同内不同的工程部位或工作内容可以采用不同的支付方式，只要在专用条款中具体明确即可。

5.3.2 合同文件的约束力

1. 合同文件的组成

对合同当事人双方有约束力的合同文件包括签订合同时已形成的文件和履行

过程中构成对双方有约束力的文件两大部分。合同文件应能相互解释，互为说明。除专用条款另有约定外，组成本合同的文件及优先解释顺序如下：

（1）本合同协议书；

（2）中标通知书；

（3）投标书及其附件；

（4）本合同专用条款；

（5）本合同通用条款；

（6）标准、规范及有关技术文件；

（7）施工图纸；

（8）工程量清单；

（9）工程报价单或预算书

合同履行中，发包人、承包人有关工程的洽商变更等书面协议或文件视为本合同协议书的组成部分。

当合同文件内容含糊不清或不相一致时，在不影响工程正常进行的情况下，由发包人和承包人协商解决。双方也可以提请负责监理的工程师作出解释。双方协商不成或不同意负责监理的工程师的解释时，按有关争议的约定处理。

2. 对合用文件中矛盾或歧义的解释

（1）合同文件的优先解释次序

通用条款规定，上述合同文件原则上应能够互相解释、互相说明。但当合同文件中出现含糊不清或不一致时，上面各文件的序号就是合同的优先解释顺序。由于履行合同时双方达成一致的洽商、变更等书面协议发生时间在后，且经过当事人签署，因此作为协议书的组成部分，排序放在第一位。如果双方不同意这种次序安排，可以在专用条款内约定本合同的文件组成和解释次序。

（2）合同文件出现矛盾或歧义的处理程序

按照通用条款的规定，当合同文件内容含糊不清或不一致时，在不影响工程正常进行的情况下，由发包人和承包人协商解决。双方也可以提请负责监理的工程师作出解释。双方协商不成或不同意负责监理的工程师的解释时，按合同约定的解决争议的方式处理。对于实行"小业主、大监理"的工程，可以在专用条款中约定工程师作出的解释对双方都有约束力，如果任何一方不同意工程师的解释，再按合同争议的方式解决。

5.3.3 语言文字和适用法律、标准及规范

1. 语言文字。本合同文件使用汉语语言文字书写、解释和说明。如专用条款约定使用两种以上（含两种）语言文字时，汉语应为解释和说明本合同的标准语言文字。在少数民族地区，双方可以约定使用少数民族语言文字书写和解释、说明本合同。

2. 适用法律和法规。本合同文件适用国家的法律和行政法规。需要明示的法律、行政法规，由双方在专用条款中约定。

3. 适用标准和规范。双方在专用条款内约定适用国家标准规范的名称；没有

国家标准、规范但有行业标准规范的,约定适用行业标准规范的名称;没有国家和行业标准规范的,约定适用工程所在地地方标准规范的名称。发包人应按专用条款约定的时间向承包人提供一式两份约定的标准、规范。国内没有相应标准、规范的,由发包人按专用条款约定的时间向承包人提出施工技术要求,承包人按约定的时间和要求提出施工工艺经发包人认可后执行。发包人要求使用国外标准规范的,应负责提供中文译本。本条所发生的购买、翻译标准、规范或制定施工工艺的费用,由发包人承担。

4. 图纸

(1) 发包人应按专用条款约定的日期和套数,向承包人提供图纸。承包人需要增加图纸套数的,发包人应代为复制,复制费用由承包人承担。发包人对工程有保密要求的,应在专用条款中提出保密要求,保密措施费用由发包人承担,承包人在约定保密期限内履行保密义务。

(2) 承包人未经发包人同意,不得将本工程图纸转给第三人。工程质量保修期满后,除承包人存档需要的图纸外,应将全部图纸退还给发包人。

(3) 承包人应在施工现场保留一套完整图纸,供工程师及有关人员进行工程检查时使用。

5.3.4 双方一般权利和义务

(一) 发包人工作

发包人按专用条款约定的内容和时间完成以下工作:

(1) 办理土地征用、拆迁补偿、平整施工场地等工作,使施工场地具备施工条件,在开工后继续负责解决以上事项遗留问题。

(2) 将施工所需水、电、电讯线路从施工场地外部接至专用条款约定地点,保证施工期间的需要。

(3) 开通施工场地与城乡公共道路的通道,以及专用条款约定的施工场地内的主要道路,满足施工运输的需要,保证施工期间的畅通。

(4) 向承包人提供施工场地的工程地质和地下管线资料,对资料的真实准确性负责。

(5) 办理施工许可证及其他施工所需证件、批件和临时用地、停水、停电、中断道路交通、爆破作业等的申请批准手续(证明承包人自身资质的证件除外)。

(6) 确定水准点与坐标控制点,以书面形式交给承包人,进行现场校验。

(7) 组织承包人和设计单位进行图纸会审和设计交底。

(8) 协调处理施工场地周围地下管线和邻近建筑物、构筑物(包括文物保护建筑)、古树名木的保护工作,承担有关费用。

(9) 发包人应做的其他工作,双方在专用条款内约定。

发包人未能履行上述各项义务,导致工期延误或给承包人造成损失的,发包人赔偿承包人有关损失,顺延延误的工期。发包人可以将上述部分工作委托承包人办理,双方在专用条款内约定,其费用由发包人承担。

(二) 承包人工作

承包人按专用条款约定的内容和时间完成以下工作：

（1）根据发包人委托，在其设计资质等级和业务允许的范围内，完成施工图设计或与工程配套的设计，经工程师确认后使用，发包人承担由此发生的费用。

（2）向工程师提供年、季、月度工程进度计划及相应的进度统计报表。

（3）根据工程需要，提供和维修非夜间施工使用的照明、围栏设施，并负责安全保卫。

（4）按专用条款约定的数量和要求，向发包人提供施工场地办公和生活的房屋及设施，发包人承担由此发生的费用。

（5）遵守政府有关主管部门对施工场地交通、施工噪音以及环境保护和安全生产等的管理规定。按规定办理有关手续，并以书面形式通知发包人，发包人承担由此发生的费用，因承包人责任造成的罚款除外。

（6）已竣工工程未交付发包人之前，承包人按专用条款约定负责已完工程的保护工作，保护期间发生损坏，承包人自费予以修复；发包人要求承包人采取特殊措施保护的工程部位和追加相应的合同价款，双方在专用条款内约定。

（7）按专用条款约定做好施工场地地下管线和邻近建筑物、构筑物（包括文物保护建筑）、古树名木的保护工作。

（8）保证施工场地清洁符合环境卫生管理的有关规定，交工前清理现场达到专用条款约定的要求；承担因自身原因违反有关规定造成的损失和罚款。

（9）承包人应做的其他工作，双方在专用条款内约定。

承包人未能履行上述各项义务，造成发包人损失的，承包人赔偿发包人有关损失。

（三）工程师及其职权

1. 工程师

实行工程监理的，发包人应在实施监理前将委托的监理单位名称、监理内容及监理权限以书面形式通知承包人。监理单位委派的总监理工程师在本合同中称工程师，发包人派驻施工场地履行合同的代表在本合同中也称工程师，其姓名、职务、职权由发包人承包人在专用条款内写明。工程师按合同约定行使职权，发包人在专用条款内要求工程师在行使某些职权前需要征得发包人批准的，工程师应征得发包人批准。但应注意，发包人派驻施工场地履行合同的代表，其职权不得与监理单位委派的总监理工程师职权相互交叉。双方职权发生交叉或不明确时，由发包人予以明确，并以书面形式通知承包人。

合同履行中，发生影响发包人与承包人双方权利或义务的事件时，负责监理的工程师应依据合同在其职权范围内客观公正地进行处理。一方对工程师的处理有异议时，按有关争议的约定和条款处理。除合同内有明确约定或经发包人同意外，负责监理的工程师无权解除本合同约定的承包人的任何权利与义务。

不实行工程监理的，工程师专指发包人派驻施工场地履行合同的代表，其具体职权由发包人在专用条款内写明。

2. 工程师的委派和指令

（1）工程师可委派工程师代表，行使合同约定的自己的职权，并可在认为必要时撤回委派。委派和撤回均应提前7天以书面形式通知承包人，负责监理的工程师还应将委派和撤回通知发包人。委派书和撤回通知作为本合同附件。工程师代表在工程师授权范围内向承包人发出的任何书面形式的函件，与工程师发出的函件具有同等效力。承包人对工程师代表向其发出的任何书面形式的函件有疑问时，可将此函件提交工程师，工程师应进行确认。工程师代表发出指令有失误时，工程师应进行纠正。除工程师或工程师代表外，发包人派驻工地的其他人员均无权向承包人发出任何指令。

（2）工程师的指令、通知由其本人签字后，以书面形式交给项目经理，项目经理在回执上签署姓名和收到时间后生效。确有必要时，工程师可发出口头指令，并在48小时内给予书面确认承包人对工程师的指令应予执行。工程师不能及时给予书面确认的，承包人应于工程师发出口头指令后7天内提出书面确认要求。工程师在承包人提出确认要求后48小时内不予答复的，视为口头指令已被确认。承包人认为工程师指令不合理，应在收到指令后24小时内向工程师提出修改指令的书面报告。工程师在收到承包人报告后24小时内作出修改指令或继续执行原指令的决定，并以书面形式通知承包人。在紧急情况下，工程师要求承包人立即执行的指令或承包人虽有异议，但工程师决定仍继续执行的指令，承包人应予执行。因指令错误发生的追加合同价款和给承包人造成的损失由发包人承担，延误的工期相应顺延。这些规定同样适用于由工程师代表发出的指令、通知。

（3）工程师应按合同约定，及时向承包人提供所需指令、批准并履行约定的其他义务。由于工程师未能按合同约定履行义务造成工期延误，发包人应承担延误造成的追加合同价款，并赔偿承包人有关损失，顺延延误的工期。

（4）如需要更换工程师，发包人应至少提前7天以书面形式通知承包人，后任继续行使合同文件约定的前任的职权，履行前任的义务。

（四）项目经理的职权

1. 项目经理

项目经理是建设项目的负责人。一般由承包人授权，并代表承包人负责工程施工的组织、实施。项目经理的姓名、职务应在专用条款内写明。承包人如需更换项目经理，应至少提前7天以书面形式通知发包人，并征得发包人同意。后任继续行使合同文件约定的前任的职权，履行前任的义务。发包人可以与承包人协商，建议更换其认为不称职的项目经理。

2. 项目经理的职权

（1）承包人依据合同发出的通知，以书面形式由项目经理签字后送交工程师，工程师在回执上签署姓名和收到时间后生效。

（2）项目经理按发包人认可的施工组织设计（施工方案）和工程师依据合同发出的指令组织施工；在情况紧急且无法与工程师联系时，项目经理应当采取保证人员生命和工程、财产安全的紧急措施，并在采取措施后48小时内向工程师送交报告；责任在发包人或第三人，由发包人承担由此发生的追加合同价款，相应顺延工期；责任在承包人，由承包人承担费用，不顺延工期。

5.4 施工准备阶段的合同条款

5.4.1 施工图纸

1. 我国目前的建设工程项目通常由发包人委托设计单位负责,在工程准备阶段应完成施工图设计文件的审查。施工图纸经过工程师审核签认后,在合同约定的日期前发放给承包人,以保证承包人及时编制施工进度计划和组织施工。施工图纸可以一次提供,也可以个单位工程开始施工前分阶段提供,只要符合专用条款的约定,不影响承包人按时开工即可。

承包人需要增加图纸套数的,发包人应代为复制,复制费用由承包人承担。发包人对工程有保密要求的,应在专用条款中提出保密要求,保密措施费用由发包人承担,承包人在约定保密期限内履行保密义务。

2. 有些情况下承包人享有专利权的施工技术,若具有设计资质和能力,可以由其完成部分施工图的设计,或由其委托设计分包人完成。在承包工作范围内,包括部分由承包人负责设计的图纸,则应在合同约定的时间内将按规定的审查程序批准的设计文件提交工程师审核,经过工程师对承包人设计的认可,不能解除承包人的设计责任。

承包人未经发包人同意,不得将本工程图纸转给第三人。工程质量保修期满后,除承包人存档需要的图纸外,应将全部图纸退还给发包人。承包人应在施工现场保留一套完整图纸,供工程师及有关人员进行工程检查时使用。

5.4.2 施工进度计划

1. 进度计划

承包人应按专用条款约定的日期,将施工组织设计和工程进度计划提交工程师,工程师专用条款约定的时间予以确认或提出修改意见,逾期不确认也不提出书面意见的,视为同意。群体工程中单位工程分期进行施工的,承包人应按照发包人提供图纸及有关资料的时间,按单位工程编制进度计划,其具体内容双方在专用条款中约定。承包人必须按工程师确认的进度计划组织施工,接受工程师对进度的检查、监督。工程实际进度与经确认的进度计划不符时,承包人应按工程师的要求提出改进措施,经工程师确认后执行。因承包人的原因导致实际进度与进度计划不符,承包人无权就改进措施提出追加合同价款。

2. 开工及延期开工

承包人应当按照协议书约定的开工日期开工。承包人不能按时开工,应当不迟于协议书约定的开工日期前7天,以书面形式向工程师提出自延期开工的理由和要求。工程师应当在接到延期开工申请后的48小时内以书面形式答复承包人。工程师在接到延期开工申请后48小时内不答复,视为同意承包人要求,工期相应顺延。工程师不同意延期要求或承包人未在规定时间内提出延期开工要求,工期不予顺延。因发包人原因不能按照协议书约定的开工日期开工,工程师应以书面形式通知承包人，推迟开工日期。发包人赔偿承包人因延期开工造成的损失，并相应顺延工期。

5.4.3 工程分包

施工合同范本的通用条件规定，未经发包人同意，承包人不得将承包工程的任何部分分包；工程分包不能解除承包人的任何责任和义务。

发包人通过复杂的招标程序选择了综合能力最强的投标人，要求其来完成工程的施工，因此合同管理过程中对工程分包要进行严格控制。承包人出于自身能力考虑，可能将部分自己没有实施资质的特殊专业工程分包，也可将部分较简单的工作内容分包。包括在承包人投标书内的分包计划，发包人通过接受投标书已表示了认可，如果施工合同履行过程中承包人又提出分包要求，则需要经过发包人的书面同意。发包人控制工程分包的基本原则是，主体工程的施工任务不允许分包，主要工程量必须由承包人完成。

经过发包人统一的分包工程，承包人选择的分包人需要提请工程师同意。工程师主要审查分包人是否具备实施分包工程的资质和能力，未经工程师同意的分包人不得进入现场参与施工。

虽然对分包的工程部位而言涉及两个合同，即发包人与承包人签订的施工合同和承包人与分包人签订的分包合同，当工程分包不能解除承包人对发包人应承担在该工程部位施工的合同义务。同样，为了保证分包合同的顺利履行，发包人未经承包人同意，不得以任何形式向分包人支付各种工程款项，分包人完成施工任务的报酬只能依据分包合同由承包人支付。

5.4.4 支付工程预付款

合同约定由工程预付款的，发包人应按规定的时间和数额支付预付款。为了保证承包人如期开始施工前的准备工作和开始施工，预付时间应不迟于约定的开工日期前7天。

发包人不按约定预付，承包人在约定预付时间7天后向发包人发出要求预付的通知。发包人收到通知后仍不能按要求预付，承包人可在发出通知后7天停止施工，发包人应从约定应付之日起向承包人支付应付款的贷款利息，并承担违约责任。

5.5 施工阶段的合同条款

5.5.1 施工进度条款

1. 暂停施工

工程师认为确有必要暂停施工时，应当以书面形式要求承包人暂停施工，并在提出要求后48小时内提出书面处理意见。承包人就应当按工程师要求停止施工，并妥善保护已完工程。承包实施工程师作出的处理意见后，可以书面形式提出复工要求，工程师应当在 48 小时内给予答复。工程师未能在规定时间内提出处理意见，或收到承包人复工要求后 48 小时内未予答复，承包人可自行复工。因发包人原因造成停工的，由发包人承担所发生的追加合同价款，赔偿承包人由此造成的损失，相应顺延工期；因承包人原因造成停工的，由承包人承担发生的费用，工期不予顺延。

2. 工期延误

因以下原因造成工期延误，经工程师确认，工期相应顺延：

（1）发包人未能按专用条款的约定提供图纸及开工条件；

（2）发包人未能按约定日期支付工程预付款、进度款，致使施工不能正常进行；

（3）工程师未按合同约定提供所需指令、批准等，致使施工不能正常进行；

（4）设计变更和工程量增加；

（5）一周内非承包人原因停水、停电、停气造成停工累计超过 8 小时；

（6）不可抗力；

（7）专用条款中约定或工程师同意工期顺延的其他情况。

承包人在上述情况发生后 14 天内，就延误的工期以书面的形式向工程师提出报告。工程师在收到报告后 14 天内予以确认，逾期不予确认也不提出修改意见，视为同意顺延工期。

3. 工程竣工

承包人必须按照协议书约定的竣工日期或工程师同意顺延的工期竣工。因承包人原因不能按照协议书约定的竣工日期或工程师同意顺延的工期竣工的，承包人承担违约责任。施工中发包人如需提前竣工，双方协商一致后应签订提前竣工协议，作为合同文件组成部分。提前竣工协议应包括承包人为保证工程质量和安全采取的措施、发包人为提前竣工提供的条件以及提前竣工所需的追加合同价款等内容。

5.5.2 质量与检验条款

（一）材料设备供应

1. 发包人供应材料设备

实行发包人供应材料设备的，双方应当约定发包人供应材料设备的一览表，作为本合同附件。一览表包括发包人供应材料设备的品种、规格、型号、数量、单价、质量等级、提供时间和地点。发包人按一览表约定的内容提供材料设备并向承包人提供产品合格证明，对其质量负责。发包人在所供材料设备到货前 24 小时，以书面形式通知承包人，由承包人派人与发包人共同清点。发包人供应的材料设备，承包人派人参加清点后由承包人妥善保管，发包人支付相应保管费用。因承包人原因发生丢失损坏，由承包人负责赔偿。发包人未通知承包人清点，承包人不负责材料设备的保管，丢失损坏由发包人负责。

发包人供应的材料设备与一览表不符，发包人承担有关责任。发包人应承担责任的具体内容，双方根据下列情况在专用条款内约定：

(1) 材料设备单价与一览表不符,由发包人承担所有价差。

(2) 材料设备的品种、规格、型号、质量等级与一览表不符,承包人可拒绝接收保管,由发包人运出施工场地并重新采购。

(3) 发包人供应的材料规格、型号与一览表不符,经发包人同意,承包人可代为调剂串换,由发包人承担相应费用。

(4) 到货地点与一览表不符,由发包人负责运至一览表指定地点。

(5) 供应数量少于一览表约定的数量时,由发包人补齐;多于一览表约定数量时,由发包人负责将多出部分运出施工场地。

(6) 到货时间早于一览表约定时间,由发包人承担因此发生的保管费用;到货时间迟于一览表约定的供应时间,发包人赔偿由此造成的承包人损失,造成工期延误的,相应顺延工期。发包人供应的材料设备使用前,由承包人负责检验或试验,不合格的不得使用,检验或试验费用由发包人承担。发包人供应材料设备的结算方法,双方在专用条款内约定。

2. 承包人采购材料设备

承包人负责采购材料设备的,应按照专用条款约定及设计和有关标准要求采购,并提供产品合格证明,对材料设备质量负责。承包人在材料设备到货前24小时通知工程师清点。承包人采购的材料设备与设计或标准要求不符时,承包人应按工程师要求的时间运出施工场地,重新采购符合要求的产品,承担由此发生的费用,由此延误的工期不予顺延。承包人采购的材料设备在使用前,承包人应按工程师的要求进行检验或试验,不合格的不得使用,检验或试验费用由承包人承担。工程师发现承包人采购并使用不符合设计或标准要求的材料设备时,应要求由承包人负责修复、拆除或重新采购,并承担发生的费用,由此延误的工期不予顺延。承包人需要使用代用材料时,应经工程师认可后才能使用,由此增减的合同价款双方以书面形式议定。由承包人采购的材料设备,发包人不得指定生产厂或供应商。

(二) 工程质量

1. 施工质量

工程施工质量应当达到协议书约定的质量标准,质量标准的评定以国家或行业的质量检验评定标准为依据。因承包人原因工程质量达不到约定的质量标准,承包人承担违约责任。双方对工程质量有争议,由双方同意的工程质量检测机构鉴定,所需费用及因此造成的损失,由责任人承担。双方均有责任,由双方根据其责任分别承担。

2. 检查和返工

承包人应认真按照标准、规范和设计图纸要求以及工程师依据合同发出的指令施工,随时接受工程师的检查检验,为检查检验提供便利条件。工程质量达不到约定标准的部分,工程师一经发现,应要求承包人拆除和重新施工,承包人应按工程师的要求拆除和重新施工,直到符合约定标准。因承包人原因达不到约定标准,由承包人承担拆除和重新施工的费用,工期不予顺延。工程师的检查检验不应影响施工正常进行。如影响施工正常进行,检查检验不合格时,影响正常施工费用由承包人承担。除此之外,影响正常施工的追加合同价款由发包人承担,相应顺延工期。因工程师指令失误或其他非承包人原因发生的追加合同价款,由发包人承担。

3. 隐蔽工程和中间验收

工程具备隐蔽条件或达到专用条款约定的中间验收部位,承包人进行自检,并在隐蔽或中间验收前 48 小时以书面形式通知工程师验收。通知包括隐蔽和中间验收的内容、验收时间和地点。承包人准备验收记录,经验收合格,工程师在验收记录上签字后,承包人可进行隐蔽和继续施工;验收不合格,承包人在工程师限定的时间内修改后重新验收。工程师不能按时进行验收,应在验收前 24 小时以书面形式向承包人提出延期要求,延收期不能超过 48 小时。工程师未能按以上时间提出延期要求,不进行验收,承包人可自行组织验收,工程师应承认验收记录;经工程师验收,工程质量符合标准、规范和设计图纸等要求,验收 24 小时后工程师不在验收记录上签字,视为工程师已经认可验收记录,承包人可进行隐蔽或继续施工。

4. 重新检验

无论工程师是否进行验收,当其要求对已经隐蔽的工程重新检验时,承包人应按要求进行剥离或开孔,并在检验后重新覆盖或修复。检验合格,发包人承担由此发生的全部追加合同价款,赔偿承包人损失,并相应顺延工期。检验不合格,承包人承担发生的全部费用,工期不予顺延。

5.5.3 工程变更

1. 工程设计变更

施工中发包人需对原工程设计进行变更,应提前 14 天以书面形式向承包人发出变更通知。变更超过原设计标准或批准的建设规模时,发包人应报规划管理部门和其它有关部门重新审查批准,并由原设计单位提供变更的相应图纸和说明。承包人按照工程师发出的变更通知及有关要求,进行下列需要的变更:

(1) 更改工程有关部分的标高、基线、位置和尺寸。
(2) 增减合同中约定的工程量。
(3) 改变有关工程的施工时间和顺序。
(4) 其他有关工程变更需要的附加工作。

因变更导致合同价款的增减及对承包人造成的损失,由发包人承担,延误的工期相应顺延。施工中承包人不得对原工程设计进行变更。因承包人擅自变更设计发生的费用和由此导致发包人的直接损失,由承包人承担,延误的工期不予顺延。承包人在施工中提出的合理化建议涉及到对设计图纸或施工组织设计的更改及对材料、设备的换用,须经工程师同意。未经同意擅自更改或换用时,承包人承担由此发生的费用,并赔偿发包人的有关损失,延误的工期不予顺延。工程师同意采用承包人合理化建议,所发生的费用和获得的收益,发包人、承包人另行约定分担或分享。

2. 其他变更

合同履行中发包人要求变更工程质量标准及发生其他实质性变更，由双方协商解决。

3. 确定变更价款

承包人在工程变更确定后14天内，提出变更工程价款的报告，经工程师确认后调整合同价款。变更合同价款按下列方法进行：

(1) 合同中已有适用于变更工程的价格，按合同已有的价格变更合同价款。

(2) 合同中只有类似于变更工程的价格，可以参照类似价格变更合同价款。

(3) 合同中没有适用或类似于变更工程的价格，由承包人提出适当的变更价格，经工程师确认后执行。

承包人在双方确定变更后14天内不向工程师提出变更工程价款报告时，视为该项变更不涉及合同价款的变更。工程师应在收到变更工程价款报告之日起14天内予以确认。工程师无正当理由不确认时，自变更工程价款报告送达之日起14天后视为变更工程价款报告已被确认。工程师不同意承包人提出的变更价款，按通用条款中关于争议的约定处理。工程师确认增加的工程变更价款作为追加合同价款，与工程款同期支付。因承包人自身原因导致的工程变更，承包人无权要求追加合同价款。

5.5.4 工程量的确认

1. 承包人应按专用条款约定的时间，向工程师提交已完工程量的报告。工程师接到报告后7天内按设计图纸核实已完工程量（以下称计量），并在计量前24小时通知承包人，承包人为计量提供便利条件并派人参加。承包人收到通知后不参加计量，计量结果有效，并作为工程价款支付的依据。工程师收到承包人报告后7天内未进行计量。从第8天起，承包人报告中开列的工程量即视为被确认，并作为工程价款支付的依据。工程师不按约定时间通知承包人，致使承包人未能参加计量，计量结果无效。对承包人超出设计图纸范围和因承包人原因造成返工的工程量，工程师不予计量。

2. 工程量的计量原则

工程师对照设计图纸，只对承包人完成的永久工程合格工程量进行计量。因此，属于承包人超出设计图纸范围（包括超挖、涨线）的工程量不予计量；因承包人原因造成返工的工程量不予计量。

5.5.5 工程款（进度款）支付

1. 工程进度款的计算

计算应支付承包人的工程进度款的款项计算内容包括：

(1) 经过确认核实的完成工程量对应工程量清单或报价单的相应价格计算应支付的工程款。

(2) 设计变更应调整的合同价款。

(3) 本期应扣回的工程预付款。

(4) 根据合同允许调整合同价款原因应补偿承包人的款项和应扣减的款项。

(5) 经过工程师批准的承包人索赔款等。

2. 发包人的支付责任

在确认计量结果后 14 天内，发包人应向承包人支付工程款（进度款）。按约定时间发包人应扣回的预付款，与工程款（进度款）同期结算。通用条款中确定调整的合同价款，工程变更调整的合同价款及其他条款中约定的追加合同价款，应与工程款（进度款）同期调整支付。

发包人超过约定的支付时间不支付工程款（进度款），承包人可向发包人发出要求付款的通知。发包人收到承包人通知后仍不能按要求付款，可与承包人协商签订延期协议，经承包人同意后可延期支付。协议应明确延期支付时间和从计量结果确认后第 15 天起计算应付款的贷款利息。发包人不按合同约定支付工程款（进度款），双方又未达成延期付款协议，导致施工无法进行，承包人可停止施工，由发包人承担违约责任。

5.5.6 不可抗力

不可抗力包括因战争、动乱、空中飞行物体坠落或其他非发包人、承包人责任造成的爆炸、火灾，以及专用条款约定的风、雨、雪、洪、震等自然灾害。不可抗力事件发生后，承包人应立即通知工程师，并在力所能及的条件下迅速采取措施，尽力减少损失，发包人应协助承包人采取措施。工程师认为应当暂停施工的，承包人应暂停施工。不可抗力事件结束后 48 小时内承包人向工程师通报受害情况和损失情况，及预计清理和修复的费用。不可抗力事件持续发生，承包人应每隔 7 天向工程师报告一次受害情况。不可抗力事件结束后 14 天内，承包人向工程师提交清理和修复费用的正式报告及有关资料。

因不可抗力事件导致的费用及延误的工期由双方按以下方法分别承担：

(1) 工程本身的损害、因工程损害导致第三人的人员伤亡和财产损失以及运至施工场地用于施工的材料和待安装设备的损害，由发包人承担。

(2) 发包人、承包人人员伤亡由其所在单位负责，并承担相应费用。

(3) 承包人机械设备损坏及停工损失，由承包人承担。

(4) 停工期间，承包人应工程师要求留在施工场地的必要管理人员及保卫人员的费用由发包人承担。

(5) 工程所需清理、修复费用，由发包人承担。

(6) 延误的工期相应顺延。

因合同一方迟延履行合同后发生不可抗力的，不能免除迟延履行方的相应责任。投保"建筑工程一切险"、"安装工程一切险"和"人身意外伤害险"是转移风险的有效措施。如果工程是发包人负责办理的工程险，当承包人有权获得工期顺延的时间内，发包人应在保险合同有效期届满前办理保险的延续手续；若因承包人原因不能按期竣工，承包人也应自费办理保险的延续手续。对于保险公司的赔偿不能全部弥补损失的部分，则应由合同约定的责任方承担赔偿义务。

5.6 竣工阶段的合同条款

5.6.1 工程试车

双方约定需要试车的，试车内容应与承包人承包的安装范围相一致。设备安装工程具备单机无负荷试车条件，承包人组织试车，并在试车前48小时以书面形式通知工程师。通知包括试车内容、时间、地点。承包人准备试车记录，发包人根据承包人要求为试车提供必要条件。试车合格，工程师在试车记录上签字。工程师不能按时参加试车，须在开始试车前24小时以书面形式向承包人提出延期要求，延期不能超过48小时。工程师未能按以上时间提出延期要求，不参加试车，应承认试车记录。设备安装工程具备无负荷联动试车条件，发包人组织试车，并在试车前48小时以书面形式通知承包人。通知包括试车内容、时间、地点和对承包人的要求，承包人按要求做好准备工作。试车合格，双方在试车记录上签字。双方责任如下：

（1）由于设计原因试车达不到验收要求，发包人应要求设计单位修改设计，承包人按修改后的设计重新安装。发包人承担修改设计、拆除及重新安装的全部费用和追加合同价款，工期相应顺延。

（2）由于设备制造原因试车达不到验收要求，由该设备采购一方负责重新购置或修理，承包人负责拆除和重新安装。设备由承包人采购的，由承包人承担修理或重新购置、拆除及重新安装的费用，工期不予顺延；设备由发包人采购的，发包人承担上述各项追加合同价款，工期相应顺延。

（3）由于承包人施工原因试车达不到验收要求，承包人按工程师要求重新安装和试车，并承担重新安装和试车的费用，工期不予顺延。

（4）试车费用除已包括在合同价款之内或专用条款另有约定外，均由发包人承担。

（5）工程师在试车合格后不在试车记录上签字，试车结束24小时后，视为工程师已经认可试车记录，承包人可继续施工或办理竣工手续。

投料试车应在工程竣工验收后由发包人负责，如发包人要求在工程竣工验收前进行或需要承包人配合时，应征得承包人同意，另行签订补充协议。

5.6.2 竣工验收与结算

1. 竣工验收

工程具备竣工验收条件，承包人按国家工程竣工验收有关规定，向发包人提供完整竣工资料及竣工验收报告。双方约定由承包人提供竣工图的，应当在专用条款内约定提供的日期和份数。

发包人收到竣工验收报告后28天内组织有关单位验收，并在验收后14天内给予认可或提出修改意见。承包人按要求修改，并承担由自身原因造成修改的费用。发包人收到承包人送交的竣工验收报告后28天内不组织验收，或验收后14

天内不提出修改意见,视为竣工验收报告已被认可。工程竣工验收通过,承包人送交竣工验收报告的日期为实际竣工日期;工程按发包人要求修改后通过竣工验收的,实际竣工日期为承包人修改后提请发包人验收的日期。发包人收到承包人竣工验收报告后 28 天内不组织验收,从第 29 天起承担工程保管及一切意外责任。中间交工工程的范围和竣工时间,双方在专用条款内约定,其验收程序按通用条款有关规定办理。因特殊原因,发包人要求部分单位工程或工程部位甩项竣工的,双方另行签订甩项竣工协议,明确双方责任和工程价款的支付方法。

工程未经竣工验收或竣工验收未通过的,发包人不得使用。发包人强行使用时,由此发生的质量问题及其他问题,由发包人承担责任。

2. 竣工结算

工程竣工验收报告经发包人认可后 28 天内,承包人向发包人递交竣工结算报告及完整的结算资料,双方按照协议书约定的合同价款及专用条款约定的合同价款调整内容,进行工程竣工结算。发包人收到承包人递交的竣工结算报告及结算资料后 28 天内进行核实,给予确认或者提出修改意见。发包人确认竣工结算报告后通知经办银行向承包人支付工程竣工结算价款。承包人收到竣工结算价款后 14 天内将竣工工程交付发包人。

发包人收到竣工结算报告及结算资料后 28 天内无正当理由不支付工程竣工结算价款,从第 29 天起按承包人同期向银行贷款利率支付拖欠工程价款的利息,并承担违约责任。发包人收到竣工结算报告及结算资料后 28 天内不支付工程竣工结算价款,承包人可以催告发包人支付结算价款。发包人在收到竣工结算报告及结算资料后 56 天内仍不支付的,承包人可以与发包人协议将该工程折价,也可以由承包人申请人民法院将该工程依法拍卖,承包人就该工程折价或者拍卖的价款优先受偿。

工程竣工验收报告经发包人认可后 28 天内,承包人未能向发包人递交竣工结算报告及完整的结算资料,造成工程竣工结算不能正常进行或工程竣工结算价款不能及时支付的,发包人要求交付工程的,承包人应当支付;发包人不要求交付工程的,承包人承担保管责任。发包人、承包人对工程竣工结算价款发生争议时,按通用条款关于争议的约定处理。

5.6.3 安全施工

1. 安全施工与检查

承包人遵守工程建设安全生产有关管理规定,严格按安全标准组织施工,并随时接受行业安全检查人员依法实施的监督检查,采取必要的安全防护措施,消除事故隐患。由于承包人安全措施不力造成事故的责任和因此发生的费用,由承包人承担。

发包人应对其在施工场地的工作人员进行安全教育,并对他们的安全负责。发包人不得要求承包人违反安全管理的规定进行施工。因发包人原因导致的安全事故,由发包人、承担相应责任及发生的费用。

2. 安全防护

承包人在动力设备、输电线路、地下管道、密封防震车间、易燃易爆地段以及临街交通要道附近施工时，施工开始前应向工程师提出安全防护措施，经工程师认可后实施，防护措施费用由发包人承担。

实施爆破作业，在放射、毒害性环境中施工（含储存、运输、使用）及使用毒害性、腐蚀性物品施工时，承包人应在施工前 14 天以书面形式通知工程师，并提出相应的安全防护措施，经工程认可后实施，由发包人承担安全防护措施费用。

3. 事故处理

发生重大伤亡及其他安全事故，承包人应按有关规定立即上报有关部门并通知工程师，同时按政府有关部门要求处理，由事故责任方承担发生的费用。发包人、承包人对事故责任有争议时，应按政府有关部门的认定处理。

5.6.4 质量保修

承包人应按法律、行政法规或国家关于工程质量保修的有关规定，对交付发包人使用的工程在质量保修期内承担质量保修责任。承包人应在工程竣工验收之前，与发包人签订质量保修书，作为本合同附件。

质量保修书的主要内容包括：

1. 质量保修项目内容及范围

双方按照工程的性质和特点，具体约定包修的相关内容。房屋建筑工程的保修范围包括：地基基础工程、主体结构工程，屋面防水工程、有防水要求的卫生间和外墙面的防渗漏，供热和供冷系统，电器管线、给排水管道、设备安装和装修工程，以及双方约定的其他项目。

2. 质量保修期

保修期从竣工验收合格之日起计算。当事人双方应针对不同的工程部位，在保修书内约定具体的保修年限。当事人协商约定的保修期限，不得低于法规规定的标准。国务院颁布的《建设工程质量管理条例》明确规定，在正常使用条件下的最低保修期限为：

（1）基础设施工程、房屋建筑的地基基础工程和主体工程，为设计文件规定的该工程的合理使用年限。

（2）卫冕防水工程、有防水要求的卫生间、房间和外墙面的防渗漏，为 5 年。

（3）供热和供冷系统，为两个采暖期、、供冷气。

（4）电器管线、给排水管道、设备安装和装修工程，为 2 年。

3. 质量保修责任

（1）属于保修范围、内容的项目，承包人应在接到发包人的保修通知起 7 天内派人保修。承包人不在约定期限内派人保修，发包人可以委托其他人修理。

（2）发生紧急抢修事故时，承包人接到通知后应当立即到达事故现场抢修。

（3）涉及结构安全的质量问题，应当按照《房屋建筑工程质量保修办法》的规定，立即向当地建设行政主管部门报告，采取相应的安全防范措施。由原设计单位或具有相应资质等级的设计单位提出保修方案，承包人实施保修。

（4）质量保修完成后，由发包人组织验收。

4. 质量保修金的支付方法

《建设工程质量管理条例》颁布后，由于保修期限较长，为了维护承包人的合法权益，竣工结算时不再扣留质量保修金。保修费用，由造成质量缺陷的责任方承担。

5.6.5 违约、索赔和争议

（一）违约

1. 发包人违约

当发生下列情况时发包人应承担违约责任：

（1）通用条款提到的发包人不按时支付工程预付款。

（2）通用条款提到的发包人不按合同约定支付工程款，导致施工无法进行。

（3）通用条款提到的发包人无正当理由不支付工程竣工结算价款。

（4）发包人不履行合同义务或不按合同约定履行义务的其他情况。

发包人承担的违约责任，应包括赔偿因其违约给承包人造成的经济损失，顺延延误的工期。双方在专用条款内约定发包人赔偿承包人损失的计算方法或者发包人应当支付违约金的数额或计算方法。

2. 承包人违约

当发生下列情况时承包人承担违约责任：

（1）通用条款提到的因承包人原因不能按照协议书约定的竣工日期或工程师同意顺延的工期竣工。

（2）通用条款提到的因承包人原因工程质量达不到协议书约定的质量标准。

（3）承包人不履行合同义务或不按合同约定履行义务的其他情况。

承包人承担的违约责任，主要是赔偿因其违约给发包人造成的损失。双方在专用条款内约定承包人赔偿发包人损失的计算方法或者承包人应当支付违约金的数额或计算方法。

不论是发包方还是承包方，一方违约后，另一方要求违约方继续履行合同时，违约方承担上述违约责任后仍应继续履行合同。

（二）索赔

当一方向另一方提出索赔时，要有正当索赔理由，且有索赔事件发生时的有效证据。

发包人未能按合同约定履行自己的各项义务或发生错误以及应由发包人承担责任的其他情况，造成工期延误和（或）承包人不能及时得到合同价款及承包人的其他经济损失，承包人可按下列程序以书面形式向发包人索赔：

（1）索赔事件发生后 28 天内，向工程师发出索赔意向通知。

（2）发出索赔意向通知后 28 天内，向工程师提出延长工期和（或）补偿经济损失的索赔报告及有关资料。

（3）工程师在收到承包人送交的索赔报告和有关资料后，于 28 天内给予答复，或要求承包人进一步补充索赔理由和证据。

（4）工程师在收到承包人送交的索赔报告和有关资料后 28 天内未予答复或未

对承包人作进一步要求，视为该项索赔已经认可。

（5）当该索赔事件持续进行时，承包人应当阶段性向工程师发出索赔意向，在索赔事件终了后 28 天内，向工程师送交索赔的有关资料和最终索赔报告。索赔答复程序与（3）、（4）规定相同。

承包人未能按合同约定履行自己的各项义务或发生错误，给发包人造成经济损失，发包人可按上述确定的时限向承包人提出索赔。

（三）争议

发包人与承包人在履行合同时发生争议，可以和解或者要求有关主管部门调解。当事人不愿和解、调解或者和解、调解不成的，双方可以在专用条款内约定以下一种方式解决争议：第一种解决方式是双方达成仲裁协议，向约定的仲裁委员会申请仲裁；第二种解决方式是向工程所在地的地方人民法院起诉。

发生争议后，除非出现下列情况的，双方都应继续履行合同，保持施工连续，保护好已完工程。

（1）单方违约导致合同确已无法履行，双方协议停止施工。

（2）调解要求停止施工，且为双方接受。

（3）仲裁机构要求停止施工。

（4）法院要求停止施工。

5.6.6 其他

1. 担保

发包人、承包人为了全面履行合同，应互相提供以下担保：

（1）发包人向承包人提供履行约担保，按合同约定支付工程价款及履行合同约定的其他义务。

（2）承包人向发包人提供履约担保，按合同约定履行自己的各项义务。

一方违约后，另一方可要求提供担保的第三人承担相应责任。

提供担保的内容、方式和相关责任，发包人、承包人除在专用条款中约定外，被担保方与担保方还应签订担保合同，作为本合同附件。

2. 专利技术及特殊工艺

发包人要求使用专利技术或特殊工艺，应负责办理相应的申报手续，承担申报、试验、使用等费用；承包人提出使用专利技术或特殊工艺，应取得工程师认可，承包人负责办理申报手续，并承担有关费用。擅自使用专利技术侵犯他人专利的，责任者依法承担相应责任。

3. 文物和地下障碍物

在施工中发现古墓、古建筑遗址等文物及化石或其他有考古、地质研究等价值的物品时，承包人应立即保护好现场并于 4 小时内以书面形式通知工程师，工程师应于收到书面通知后 24 小时内报告当地文物管理部门，发包人、承包人按文物管理部门的要求采取妥善保护措施。发包人承担由此发生的费用，顺延延误的工期。如发现后隐瞒不报，致使文物遭受破坏，责任者依法承担相应责任。

施工中发现影响施工的地下障碍物时，承包人应在 8 小时内以书面形式通知工程师，同时提出处置方案，工程师收到处置方案后24小时内予以认可或提出修正方案。发包人承担由此发生的费用，顺延延误的工期。所发现的地下障碍物有归属单位时，发包人应报请有关部门协同处置。

4. 合同解除

发包人与承包人协商一致，可以解除合同。

发生发包人不按合同约定支付工程款（进度款），双方又未达成延期付款协定的情况，停止施工超过56天，发包人仍不支付工程款（进度款），承包人有权解除合同。发生承包人将其承包的全部工程转包给他人或者肢解以后以分包的名义分别转包给他人的情况，发包人有权解除合同。

有下列情形之一的，发包人、承包人可以解除合同：

(1) 因不可抗力致使合同无法履行。

(2) 因一方违约（包括因发包人原因造成工程停建或缓建）致使合同无法履行。

一方依据上述约定要求解除合同的，应以书面形式向对方发出解除合同的通知，并在发出通知前7天告知对方，通知到达对方时合同解除。对解除合同有争议的，按通用条款关于争议的约定处理。

合同解除后，承包人应妥善做好已完工程和已购材料、设备的保护和移交工作，按发包人要求将自有机械设备和人员撤出施工场地。发包人应为承包人撤出提供必要条件，支付以上所发生的费用，并按合同约定支付已完工程价款。已经订货的材料、设备由订货方负责退货或解除订货合同，不能退还的货款和因退货、解除订货合同发生的费用，由发包人承担，因未及时退货造成的损失由责任方承担。除此之外，有过错的一方应当赔偿因合同解除给对方造成的损失。合同解除后，不影响双方在合同中约定的结算和清理条款的效力。

5. 合同生效与终止

双方在协议书中约定合同生效方式。除通用条款规定的质量保修外，发包人、承包人履行合同全部义务，竣工结算价款支付完毕，承包人向发包人交付竣工工程后，本合同即告终止。合同的权利义务终止后，发包人、承包人应当遵循诚实信用原则，履行通知、协助、保密等义务。

6. 合同份数

合同正本两份，具有同等效力，由发包人、承包人分另保存一份。合同副本份数，由双方根据需要在专用条款内约定。

7. 补充条款

双方根据有关法律、行政法规规定，结合工程实际，经协商一致后，可对本通用条款内容具体化、补充或修改，在专用条款内约定。

复习思考题

1. 简述施工合同的概念和特征。
2. 试述对施工合同主体的资质管理。
3. 试述《建设工程施工合同（示范文本）》的制定原则。

4. 简述施工合同文件的组成及解释顺序。
5. 试述施工合同双方的一般权利和义务。
6. 试述工程师的职权。
7. 简述有关质量和检验的规定。
8. 简述有关安全施工的规定。
9. 试述合同价款的计价方式及支付方法。

第 6 章 国际工程招标投标及 FIDIC 合同条件

学习要点：了解国际工程招标投标的特点，国际工程招标程序；国际工程投标的过程和投标标价的确定；熟悉 FIDIC 施工合同条件的构成。

6.1 国际工程招标投标概述

6.1.1 国际工程招标投标市场的发展与特点

第二次世界大战以后，许多国家恢复建设，国际间的建设工程和劳务合作普及，促进了建筑业的发展，使工程招投标市场形成了大融合，进入 20 世纪 70 年代，发达国家国内重建基本完成，强大的建筑力量需要面向世界寻找机会。

在 20 世纪 80 年代后期和 90 年代前期，东亚和东南亚地区利用外资的步伐加快。这一地区的许多国家，例如新加坡、马来西亚、泰国、印度尼西亚、韩国等国以及中国香港和台湾地区的经济增长率高。发达国家积极将劳务密集型工业转移到这些国家和地区，使这一地区每年的国际工程承包合同额在全世界的合同总额中所占比例增高。从近年来发表的统计数字汇总可以看出，亚洲工程承包市场较为活跃，大致保持了世界承包市场营业额的三分之一左右。从长远来看，亚洲是一个潜力巨大的工程市场。国际工程招投标市场是一个动态市场，随着国际政治形势、社会经济发展和科学技术进步而不断发展变化，目前国际工程招投标市场的特点有以下几个方面：

（1）国际工程项目趋于大型化。国际工程公司的规模大、实力雄厚，在竞争大型项目时具有明显的优势，获得更多的中标机会，经济效益较高。国际工程市场的这一特点，促进了一些大、中型公司纷纷相互联合、兼并，增强在国际工程市场上的竞争实力和垄断地位。

（2）国际工程招投标市场设计、施工一体化是近年来的流行方式，为业主提供全面服务。

美国约三分之一的项目采用该方式。这种趋势促使工程咨询设计与施工的密切结合，打破了原有的业务范围的划分和工作方法，大批的承包公司以工程咨询设计为龙头带动工程承包，组织施工分包。咨询公司与承包公司出现了相互联合承揽工程项目现象。

（3）国际工程竞争地方保护主义政策较普遍，对外国公司进入本国市场采取限制条件。

如有一些发展中国家规定，外国公司不能单独承揽该国的建设项目等等。国际工程咨询、承包公司纷纷与当地公司建立起各种形式的联营公司，占领市场。

（4）科技与管理水平是赢得国际工程招投标市场项目的重要条件。业主为得到较高的投资回报率，促使承包商以低成本实施工程；同时，低价竞标成为国际市场竞争主流策略，因而需要依靠先进的技术和科学的管理来降低成本。

6.1.2 拓展我国建筑企业国际市场的竞争空间

我国从 1978 年开始涉足对外经济技术合作，培养了一大批具有国际工程管理经验和才能的开拓型人才，缓解了劳动力就业压力。增加了相关行业的外汇收入。国际建筑市场划为境外国际市场和境内国际市场。美国《工程新闻记录》公布了世界最大 225 家国际承包商的 2006 年经营业绩，中国上榜公司 49 家，国外营业额共 88.32 亿美元，占全部营业总额 4638.67 亿美元的 1.9%，表明我国建筑企业已具备国际竞争力。我国建筑企业的国外经营范围主要集中在亚洲、非洲和中东地区，另外，我国建筑企业的境内国际市场的占有率也很低，国内的外商投资项目、国际金融组织贷款的工程项目几乎全由资金和技术力量雄厚的境外承包商总承包。开拓国际工程市场、减少失误、获取利润、求得生存与发展，最迫切需要的是一大批复合型、开拓型、外向型的中、高级国际工程管理人才。"复合型"主要是指知识结构要"软"、"硬"结合，既有坚实的专业技术基础，又要通晓管理，有经济头脑，还要有较高的外语水平。"外向型"主要指要熟悉国际惯例，在技术方面，要熟悉国外的技术规范和标准；在经济方面，要了解金融、外贸、财会、保险有关知识；在管理方面，要熟悉国际工程管理的模式，懂得国际通用的项目软件的应用；在外语方面，应具有听、说、读、写的能力，能熟练地阅读招标文件、直接用外语进行合同谈判和技术问题商谈。"开拓型"主要指要有远见卓识，对商务敏感，有正确的判断能力和快速应变能力，掌握社交公关技巧，有进取精神，会主动寻找机会，有强烈的市场意识，敢于和善于开拓市场，又有风险意识。

总之，商业竞争归根到底是人才的竞争，我国工程企业要开发和占领国际市场，必须要有一大批国际工程管理人才，每个公司应该拥有一批国际工程项目经理、合同专家、财会专家、投标报价专家、工程技术专家、物资管理专家、索赔专家以及金融专家，才能在国际市场上承揽大项目，才能获得良好的经济效益。

我国建筑企业开拓国际市场的另一个重要条件就是：深化企业改革，转变经营管理机制，在用人制度、经营决策、财务制度、内部管理等建立适合市场经济的经营管理机制。我国的建筑企业与国际大型咨询公司经营存在根本差距。消除差距是我国建筑企业与国际大工程公司竞争抗衡的基本条件，向经营管理机制科学化要效益，是我国实现持续发展的必由之路。

6.1.3 国际工程招标分类

国际工程招标根据招标范围的不同可分为：
1. 全过程招标

这种方式通常是指"交钥匙"工程招标，招标范围包括整个工程项目实施的全过程，包括勘察设计、材料与设备采购、工程施工、生产准备、竣工、试车、交付使用与工程维修。

2. 勘察设计招标

招标范围要求完成勘察设计任务。

3. 材料、设备招标

招标范围要求完成材料、设备供应及设备安装调试等工作任务。

4. 工程施工招标

招标范围要求完成工程施工阶段的全部工作；可以根据工程施工范围的大小及专业不同实行全部工程招标、单项工程招标、分项工程招标和专业工程招标等。

6.1.4 国际工程招标方式

根据项目本身的要求和环境的不同，项目采购的多种方式适合于不同的项目采购。因此，在项目实施过程中选择采购方式（招标方式）尤为重要，将有助于提高采购效率和质量。

常用的项目招标方式如下：

1. 公开竞争性招标

该方式也称为无限竞争性招标，即由业主在国内外主要报纸、有关刊物上发布招标广告，公开进行招标。对招标项目感兴趣的承包商，可以购买资格预审文件，参加资格预审，资格预审合格者均可以购买招标文件进行投标。这种方式给承包商提供一个平等竞争的机会，业主有较大的选择余地，有利于降低工程造价，提高工程质量和缩短工期，由于参与竞争的承包商很多，资格预审和评标的工作量较大。

2. 有限竞争性招标

有限竞争性招标，又称为邀请招标，或选择招标。有限竞争性招标是由招标单位根据自己积累的资料，或由权威的咨询机构提供的信息，选择一些合格的单位发出邀请，被邀请单位（必须有三家以上）在规定时间内向招标单位提交投标意向，购买招标文件进行投标。该方式的优点是应邀投标者的技术水平、经济实力、信誉等方面具有优势，能保证招标项目顺利完成。缺点是在邀请时如带有感情色彩，就会使一些更具竞争力的投标单位失去机会，但这种方式比公开招标节省了广告费用和招标的工作量。

3. 谈判招标

谈判招标也称为议标、指定招标、询价采购，它是由业主直接选定一家或几家承包商进行协商谈判，直到与某一承包商达成协议，确定承包条件及标价的方式。该方式的特点是不具公开性和竞争性，节约时间，容易达成协议，迅速开展工作，但无法获得有竞争力的报价。项目任何一种商品的采购都必须首先进行询价，以便能够"货比三家"，最终以最优的条件与选定的供应商签约。适合于工程造价较低，工期紧，专业性强或军事保密工程。

为了更好地做好询价工作，项目组织可以做广告来扩充已有的卖主清单，也可以举行投标人会议。投标人会议是在准备建议书之前与可能的供应商召开的会议，用于保证所有可能的供应商对采购（技术要求、合同要求等）有清楚和共同的理解。在这一过程中,所有可能的卖主都应处于完全平等的地位。询价的结果是获得若干供应商提供的报价单或建议书。建议书是供应方准备的说明其提供所要求产品的能力和意愿的文档,它们是按照有关采购文档的要求准备的。项目组织在收到报价单或建议书之后,就应该根据相应的标准进行评价,从中选择合意的供应商。一般来讲,供应商的选择标准在项目采购计划的制定过程中,就应该设计出来。采购评价标准既有客观评价的标准指标,也有主观的评价标准指标。采购评价标准通常是项目采购计划文件的一个重要组成部分。在供方选择的决策过程中,除了成本或价格以外,还需要评价许多因素。价格可能是决定现货采购的首要因素。但是,如果供应方不能够按时交货,则最低建议价格不一定是最低成本。供应商的建议书通常分为技术(方法)部分和商务(价格)部分,项目组织可以设置相应的指标对两部分分别进行评价。

根据评价的结果项目组织可以列出合格卖主的清单,然后对所有供应商排序以确定谈判顺序,最后选择一个供应商与其签署一份标准合同。当然,也有可能需要多个供应商。

另外还可以直接签订合同,或者自制或自己提供服务。

6.1.5 招标投标的特征

招标投标是一种因招标人的要约,引发投标者的承诺,经过招标人的择优选定,最终形成协议和合同关系的平等主体之间的经济活动过程,是"法人"之间有偿的、具有约束力的法律行为。招标投标是商品经济发展到一定阶段的产物,是一种特殊的商品交易方式。招标方与投标方交易的商品统称为"标的"。招标投标具有下述基本特征:

1. 平等性

招投标的平等性,应从商品经济的本质属性来分析,商品经济的基本法则是等价交换。

招标投标是独立法人之间的经济活动,按照平等、自愿、互利的原则进行,受到法律的保护和监督,展开公平竞争。

2. 竞争性

招投标的核心是竞争,按规定必须有三家以上投标,形成投标者之间的竞争。他们以各自的实力竞标。招标人可以在投标者中间"择优选择"。

3. 开放性

招投标活动须在公开发行的报刊杂志上刊登招标公告,在最大限度的范围内让所有符合条件的投标者自由竞争。

6.1.6 国际工程招标投标活动的基本原则

各国立法及国际惯例规定,招标投标应遵循"公开、公平,公正"的原则。招投标行为是市场经济的产物,遵循市场经济活动的原则。例如,《世界银行贷款项目国内竞争性招标采购指南》规定:本指南的原则是充分竞争、程序公开、机会均等、公平一律地对待所有投标人,并根据事先公布的标准将合同授予最低评标价的投标人。《联合国贸易法委员会货物、工程和服务采购示范法》在立法宗旨中写道：促进供应商和承包商为供应拟采购的货物、工程或服务进行竞争，规定给予所有供应商和承包商以公平和平等的待遇，促使采购过程诚实、公平，提高公众对采购过程的信任。

1. 公开原则

公开原则就是要求招标投标活动具有高的透明度，实行招标信息、招标程序公开，即发布招标通告，公开开标，公开中标结果，使每一个投标人获得同等的信息，知悉招标的一切条件和要求。

2. 公平原则

此原则就是要求给予所有投标人平等的机会，使其享有同等的权利并履行相应的义务，不歧视任何一方。

3. 公正原则

就是按统一标准对待每个投标人。招标投标在国际上应用较早，在西方市场经济国家，由于政府及公共部门的采购资金主要来源于企业、公民的税款和捐赠，提高采购效率、节省开支是纳税人和捐赠人对政府和公共部门的必然要求。因此，这些国家普遍在政府及公共采购领域推进招标投标，招标逐渐成为市场经济国家的一种采购制度。

6.1.7　工程招标项目的合同类型

1. 总价合同

总价合同（Lump Sum Contract）是指支付给承包商的款项在合同中是一个总价，在招投标时，要求投标者按照招标文件的要求报出总价，并完成招标文件中规定的全部工作。总价合同可以分为固定总价合同和可调值总价合同。固定总价合同（Firm-LumpSum）是指业主和承包商以有关资料（图纸、有关规定、规范等）为基础，就工程项目协商一个固定的总价，这个总价一般情况下不能变化，只有当设计或工程范围发生变化时，才能更改合同总价。对于这类合同，承包商要承担设计或工程范围内的工程量变化和一切超支的风险；可调值总价合同（Escalation-LumpSum）中的可调值是指在合同执行过程中，对于通货膨胀等原因造成的费用增加，可以对合同总价进行相应的调值。可调值总价合同与固定总价合同的区别：固定总价合同要求承包商承担设计或工程范围内的一切风险，而可调值总价合同则对合同实施过程中出现的风险进行了分摊，即由业主承担通货膨胀带来的费用增加，承包商一般只承担设计或工程范围内的工程量变化带来的费用增加。

2. 单价合同

单价合同（Unit Price Contract）是国际工程承包常用的合同方式，其特点是根据合同中确定的工程项目所有单项的价格和工程量计算合同总价。通常是根据估计工程量签订单价合同。单价合同主要有估计工程量单价合同和纯单价合同两类。估计工程量单价合同是由业主委托咨询公司按分部分项工程列出工程量表及估算的工程量，适用于根据设计图纸估算工程量的项目。纯单价合同是在设计单位还来不及提供设计图纸，或出于某种原因，虽有设计图纸，但不能计算工程量，招标文件只向投标者提供各分部分项工程的工作项目、工程范围和说明。单价合同适用于项目的内容和设计指标不确定或工程量出入大的情况。

单价合同的主要优点是：可减少招标准备工作，缩短招标准备时间；能鼓励承包商通过提高工效等手段节约成本；业主只按工程量表的项目支付费用，可减少意外开支；结算时程序简单，只需对少量遗漏单项在执行合同过程中再报价；对于一些不易计算工程量的项目，采用单价合同会有一些困难。

3. 成本加酬金合同

成本加酬金合同（Cost Plus Fee Contract）是一种根据工程的实际成本加上一笔支付给承包商的酬金作为工程报价的合同方式。采用成本加酬金合同时，业主向承包商支付实际工程成本中的直接费，再按事先议定的方式为承包商的服务支付管理费和利润。业主在这种情况下选择承包商应审查承包商的资质和酬金报价，将合同授予资质和报价最适合的承包商。采用成本加酬金合同可在规划完成之前开始施工。适用于不能确定工作范围或规模等原因无法确切定价的工作，或某些急于建设而设计工作并不深入的工程项目，尤其是灾后（或战后）重建工程、涉及承包商专有技术的工程等。

6.2 国际工程项目招标

6.2.1 国际工程项目招标的程序

国际上已基本形成了相对固定的招标投标程序，可以分三大步骤，即对投标者的资格预审；投标者得到招标文件和递交投标文件；开标、评标、合同谈判和签订合同，三大步骤依次连接就是整个招标的全过程。简要的招标过程如图 6-1 所示。

从图 6-1 可以看出，国际工程招投标程序与国内工程招投标程序无多大区别。由于国际工程涉及的主体多，在招标投标各阶段的具体工作内容会有所不同。FIDIC"招标程序"提供了一个完整、系统的国际工程项目招标程序，具有实用性、灵活性。它旨在帮助业主和承包商了解国际工程招标的通用程序，为实际工作提出规范化的操作程序。这套招标程序对其他行业，如 IT 行业，也有一定的参考价值。FIDIC"招标程序"还附有三个附录：项目执行模式、承包商的资格预审标准格式和投标保证的格式。FIDIC"招标程序"为工程项目的招标和合同的授予提出了系统的办法。它旨在帮助业主和工程师根据招标文件获得可靠的、符合要求的、且有竞争性的投标人，同时能够迅速高效地评定各个投标书。同时，也努力为承包商提供机会，鼓励投标人为其有资格承担的项目的招标邀请做出积极的反应。采用本程序能使招标费用大大降低，并能确保所有投标者得到公平同等的机会，使他们按照合理可比的条件提交其投标书。本程序反映的是良好的现行惯例，适用于大多数国际工程项目，但由于项目的规模和复杂程度不同，加之有时业主或金融机构确定的程序提出了某些限制性的特殊条件，因此，可对本程序做出修改，以满足某些相应的具体要求。

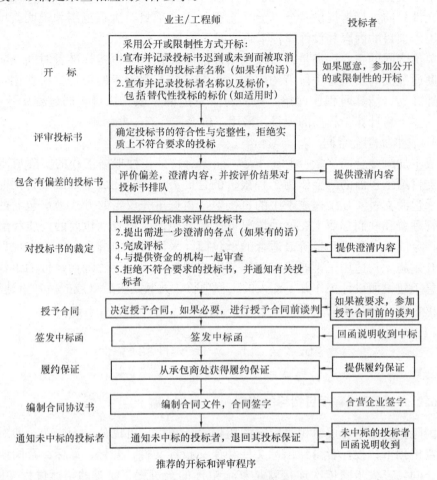

图 6-1　工程项目招标程序流程图

经验证明，对于国际招标项目进行资格预审很有必要，因为它能使业主和工程师提前确定随后被邀请投标的投标者的能力。资格预审同样对承包商有利，这是因为，如果通过了资格预审，就知道了竞争对手。

6.2.2　资格预审

对于某些大型或复杂的项目，招标的第一个重要步骤就是对投标者进行资格预审。业主发布工程招标资格预审广告之后，对该工程感兴趣的承包商会购买资格预审文件，并按规定填写的内容，按要求日期报送业主；业主在对送交资格预审文件的所有承包商进行了认真的审核后，通知那些业主认为有能力实施本工程项目的承包商前来购买招标文件。

（一）资格预审目的

业主资格预审的目的是了解投标者过去履行类似合同的情况，人员、设备、施工或制造设施方面的能力，财务状况，以确定有资格的投标者，淘汰不合格的投标者，减少评标阶段的工作时间和评审费用；招标具有一定的竞争性，为不合格的投标者节约购买招标文件、现场考察及投标等费用；有些工程项目规定本国承包商参加投标可以享受优惠条件，有助于确定一些承包商是否具有享受优惠条件的资格。

（二）资格预审程序

（1）编制资格预审文件：由业主委托咨询公司或设计单位编制，或由业主直接组织有关专业人员编制。资格预审文件的主要内容有：工程项目简介，对投标者的要求，各种附表等。

首先要组织资格预审文件工作小组，人员组成是以业主、招标机构、财务管理专家、工程技术人员参加。资格预审文件在编写时内容要齐全，要规定语言，明确资格预审文件的份数，注明"正本"和"副本"。

（2）发布资格预审公告，邀请有意参加工程投标的承包商申请资格审查。

资格预审公告的内容：业主和工程师的名称；工程所在位置、概况和合同包含的工作范围；资金来源；资格预审文件的发售日期、时间、地点和价格；预期的计划（授予合同的日期、竣工日期及其他关键日期）；招标文件颁发和提交投标文件的计划日期；申请资格预审须知；提交资格预审文件的地点及截止日期、时间；最低资格要求及准备投标的投标者可能关心的具体情况。

资格预审公告一般应在颁发招标文件的计划日期前10～15周发布，填写完成的资格预审文件应在这一计划日期之前的4～8周提交。从发布资格预审通知到报送资格预审文件的截止日期的间隔不少于4周。

（3）发售资格预审文件：在指定的时间、地点开始发售资格预审文件。

（4）资格预审文件答疑：在资格预审文件发售后，购买文件的投标者对资格预审文件提出疑问，投标者应将疑问以书面形式（包括电传、电报、信件等）提交业主；业主应以书面形式回答，并通知所有购买资格预审文件的投标者。

（5）报送资格预审文件：投标者应在规定的截止日期前报送资格预审文件，报送的文件截止日期后不得修改。

（6）澄清资格预审文件：业主可要求澄清预审文件的疑点。

（7）评审资格预审文件：组成资格预审评审委员会，对资格预审文件进行评审。

（8）向投标者通知评审结果：业主以书面形式向所有参加资格预审的投标者通知评审结果，在规定的时间、地点向通过资格预审的投标者出售招标文件。

（三）资格预审文件的内容

资格预审文件的内容主要包括以下五个方面：

1. 工程项目总体概况

工程项目基本情况说明包括：工程内容介绍、资金来源、工程项目的当地自然条件、工程合同的类型。

2. 简要合同规定

（1）投标者的合格条件。有些工程项目所在国规定禁止与世界上某国进行任何来往时，则该国公司不能参加投标。

（2）进口材料和设备的关税。投标者应核实项目所在国的海关对进口材料和设备的法律规定，关税交纳的细节。

（3）当地材料和劳务。投标者了解工程所在国对当地材料价格和劳务使用的有关规定。

（4）投标保证金和履约保证金。业主应规定投标者提交投标保证金和履约保证金的币种、数量、形式、种类。

（5）支付外汇的限制。业主应明确向投标者支付外汇的比例限制和外汇兑换率，在合同执行期间不得改变外汇兑换率。

（6）优惠条件。业主应明确本国投标者优惠条件。世界银行"采购指南"中明确规定给予贷款国国内投标者优惠待遇。

（7）联营体（JointVenture）的资格预审。联营体的资格预审条件是：资格预审的申请可以单独提交，也可以联合提交，预审申请可以单独或同时以合伙人名义提出，确定责任方和合伙人所占股份的百分比；每一方必须递交本企业预审的文件；说明申请人投标后，投标书及合同对全体合伙人有法律约束；同时提交联营体协议，说明各自承担的业务与工程；资格预审申请包括有关联营体各方拟承担的工程及业务分担；联营体任何变化都要在投标截止日前得到业主书面批准，后组建联营体如果由业主判定联营体的资格经审查低于规定的最低标准，将不予批准。

（8）仲裁条款。在资格预审文件中写明进行仲裁机构名称。

3. 资格预审文件说明

在说明中应回答招标人提出的问题，按要求填写招标人提供的资格预审文件。

业主将根据投标者提供的资格预审申请文件来判断投标者的财务状况、施工经验与过去履约情况、人员情况、施工设备。通过判断来进行综合评价，业主应制定评价标准。

4. 投标者填写的表格

业主要求投标者填写的表格有：资格预审申请表，管理人员表，施工方法说明，设备和机具表，财务状况报表，近五年完成的合同表，联营体意向声明，银行信用证，宣誓表等。

5. 工程主要图纸

包括工程总体布置图，建筑物主要剖面图等。

（四）资格预审文件的评审

资格预审文件的评审是由评审委员会实施。评审委员会由招标机构负责组织，参加的人员有：业主代表，招标机构，上级领导单位，融资部门，设计咨询等单位的人员，应包括财务、经济、技术专家。资格预审应根据标准，一般采用打分的办法进行。

首先整理资格预审文件，是否满足资格预审文件要求。检查资格预审文件的完整性，检查投标者的财务能力、人员情况、设备情况及履行合同的情况是否满足要求。资格预审采用评分法进行，按标准逐项打分。评审实行淘汰制，对于满足填报资格预审文件要求的投标者一般情况下可考虑按财务状况、施工经验和过去履约情况、人员、设备等四个方面进行评审打分，每个方面都规定好满分分数限和最低分数限,只有达到下列条件的投标者才能获得投标资格。每个方面得分不低于最低分数线;四个方面得分之和不少于60分(满分为100分)。

最低合格分数线的制定应根据参加资格预审的投标者的数量来决定;如果投标者的数量比较多,则适当提高最低合格分数线,这样可以多淘汰一些投标者,仅给予获得较高分数的投标者以投标资格。

6.2.3 国际工程项目招标文件

招标文件是提供给投标者的投标依据。招标文件应向投标者介绍项目有关内容的实施要求,包括项目基本情况、工期要求、工程及设备质量要求,以及工程实施业主方如何对项目的支付、质量和工期进行管理。

招标文件还是签订合同的基础,尽管在招标过程中业主一方可能会对招标文件内容和要求提出补充和修改意见,在投标和谈判中,承包商也会对招标文件提出修改要求,但招标文件是业主对工程项目的要求,据之签订的合同则是在整个项目实施中最重要的文件。可见编制招标文件对业主非常重要。对承包商而言,招标文件是业主工程项目的蓝图,掌握招标文件的内容是成功地投标,实施项目的关键。工程师受业主委托编制招标文件要体现业主对项目的技术经济要求,体现业主对项目实施管理的要求,将来据之签订的合同将详细而具体地规定工程师的职责权限。

(一) 编写招标文件的基本要求

世界银行贷款项目、土建工程的招标文件的内容,已经逐步纳入标准化、规范化的轨道,按照《采购指南》的要求,招标文件应当:

(1) 能为投标人提供一切必要的资料数据。

(2) 招标文件的详细程度应随工程项目的大小而不同。比如国际竞争性招标(ICB)和国内竞争性招标(NCB)的招标文件在格式上均有区别。

(3) 招标文件应包括:招标邀请信、投标人须知、投标书格式、合同格式、合同条款,包括通用条款和专用条款;技术规范、图纸和工程量清单;以及必要的附件,比如各种保证金的格式。

(4) 使用世界银行发布的标准招标文件。在我国贷款项目强制使用世行标准,财政部编写的招标文件范本,也可作必要的修改,改动在招标资料表和项目的专用条款作出,标准条款不能改动。

(二) 招标文件的基本内容

国际和国内竞争性招标所用的招标文件,虽有差异,但是都包括如下文件和格式:

(1) "招标邀请函"。重复招标通告的内容,使投标人根据所提供的基本资料来决定是否要参加投标。

(2) "投标人须知"。提供编制具有响应性的投标所需的信息和介绍评标程序。

(3) "投标资料表"。包含使投标人须知更适用投标的详细信息。

(4) "通用合同条款"。确立适用土建工程合同的标准合同条件,即菲迪克合同条件。

(5)"专用合同条款"。又分为 A 和 B 两部分，A 部分为"标准专用合同条款"，B 部分为"项目专用合同条款"。"标准专用合同条款"对通用合同条款中的相应条款予以修改、增删，以适用于中国的具体情况。"项目专用合同条款"和"投标书附录"对通用合同条款和标准专用合同条款中的相应条款加以修改、补充或给出数据，适用合同的具体情况。

(6)"技术规范"。对工程予以确切的定义与要求，确立投标人应满足的技术标准。

(7)"投标函格式"。投标人中标后承担的合同责任。

(8)"投标保证金格式"。是使投标有效的金融担保拟定的格式。

(9)"工程量清单"。工程项目的种类细目和数量。

(10)"合同协议书格式"。

(11)"履约保证金格式"。是使合同有效的金融担保拟定格式，由中标的投标人提交。

(12)"预付款银行保函格式"。使中标人得到预付款的金融担保拟定的格式，由中标人提交。预付款银行保函的目的是在承包人违约时，对业主损失进行补偿。

(13)"图纸"。业主提供投标人编制投标书所需的图纸、计算书、技术资料及信息。

(14)"世界银行贷款项目采购提供货物、工程和服务的合格性"。列出了世界银行贷款项目采购不合格的供应商和承包商的国家名单。

(三) 招标文件的相关主体及人员

建筑师、工程师、工料测量师是国际工程的专业人员，业主、承包商、分包商、供货商是国际工程的法人主体。

建筑师、工程师均指不同领域和阶段负责咨询或设计的专业公司和专业人员，如在英国，建筑师负责建筑设计，而工程师则负责土木工程的结构设计。各国均有严格的建筑师、工程师的资格认证及注册制度，作为专业人员必须通过相应专业协会的资格认证，而有关公司或事务所必须在政府有关部门注册。咨询工程师一般简称为工程师，指的是为业主提供有偿技术服务的独立的专业工程师，其服务内容可以涉及到各自专长的不同专业。

分包商是指那些直接与承包商签订合同，分担一部分承包商与业主签订合同中的任务的公司。业主和工程师不直接管理分包商，他们对分包商的工作有要求时，一般通过承包商来处理。如在英国，许多小公司人数在 15 人以下，占建筑企业总数的 80% 以上，而 1% 的大公司承包工程总量的 70%。另外，指定分包商是指业主方在招标文件中或在开工后指定的分包商或供货商，指定分包商仍应与承包商签订分包合同。广义的分包商还包括供货商与设计分包商。供货商是指为工程实施提供工程设备、材料和建筑机械的公司和个人。一般供货商不参与工程的施工，但是有一些设备供货商由于所提供设备的安装要求比较高，往往既承担供货，又承担安装和调试工作，如电梯、大型发电机组等。供货商既可以与业主直接签订供货合同，也可以直接与承包商或分包商签订供货合同。工料测量师是英国、英联邦国家以及香港地区对工程经济管理人员的称谓,在美国叫造价工程师或成本咨询工程师,在日本叫建筑测量师。

(四)招标文件的编制

全部或部分世界银行贷款超过1000万美元的项目中必须强制性使用标准招标文件,对超过5000万美元的合同(包括不可预见费),需强制采用三人争端审议委员会(DRB)方法,而不宜由工程师来充当准司法的角色。低于5000万美元的项目的争端处理办法由业主自行选择,可选择三人DRB争端审议专家(DRE)或提交工程师决定,但工程师必须独立于业主。

"工程项目采购标准招标文件"共包括以下内容:投标邀请书、投标者须知、招标资料表、通用合同条件、专用合同条件、技术规范,投标书格式、投标书附录和投标保函格式、工程量表、协议书格式、履约保证格式、预付款银行保函格式、图纸、说明性注解、资格后审、争端解决程序、世界银行资助的采购中提供货物、土建和服务的合格性。下面将以世界银行工程项目采购标准招标文件的框架和内容为主线,对工程项目采购招标文件的编制进行较详细的介绍。

1. 投标邀请书

投标邀请书中包括的内容有:通知投标人资格预审合格,准予参加该工程项目的投标;购买招标文件的地址和费用;应当按招标文件规定的格式和金额递交的投标保函;开标前会议的时间、地点,递交投标书的时间、地点,以及开标的时间和地点;要求以书面形式确认收到此函,如不参加投标也希望能通知业主;投标邀请书不属于合同文件的组成。

2. 投标人须知

投标人须知(ITB)的作用是具体制定投标规则,给投标人提供应当了解的投标程序,使其能提交响应性的投标。这里介绍的标准条款不能改动;必须改动时,只能在投标资料表中进行。投标人须知的主要内容包括:工程范围;工期要求;资金来源;投标商的资格(必须资格预审合格)以及货物原产地的要求;利益冲突的规定;对提交工作方法和进度计划的要求;招标文件和投标文件的澄清程序;投标语言;投标报价和货币的规定;备选方案;修改、替换和撤消投标的规定;标书格式和投标保证金的要求;评标的标准和程序;国内优惠规定;投标截止日期和标书有效期及延长;现场考察、开标的时间、地点等;反欺诈反腐败条款;专家审议委员会或小组的规定。

3. 招标资料表

招标资料表由业主方在发售招标文件之前,应对投标者须知中有关各条进行编写,为投标者提供具体的资料、数据、要求。投标者须知的文字和规定是不允许修改的,业主方只能在招标资料表中对其进行补充。招标资料表内容与投标者须知不一致以招标资料表为准。

4. 合同通用条款

范本的合同通用条款(GCC)为国际咨询工程师联合会FIDIC(菲迪克)所出版的合同通用条款,FIDIC合同条款依据国际通用的合同准则编写,为业主和承包商双方的关系奠定标准的法律基础。FIDIC合同条款受版权保护,不得复印、传真或复制。招标文件中的通用合同条款可以从 FIDIC 购买，购买费计入招标文件售价。或者指明用 FIDIC 的合同条款，由投标人直接向 FIDIC 购买。FIDIC 条件的特点是：逻辑严密，条款脉络清楚，风险分担合理，文字上无模棱两可之处。FIDIC 条件具有单价合同特点，以图纸、技术规范、工程量清单为招标条件。突出了监理工程师的作用是独立的第三方，进行项目监理。

5. 合同的专用条款

专用合同条件是针对具体工程项目，业主方对通用合同条件进行具体补充，以使合同条件更加具体适用。在世界银行工程项目采购的标准招标文件中，将专用合同条件中列出的各种条件分成两类、三个层次：两类：WB——指世界银行编制的条件；F——指 FIDIC"土木工程施工合同条件"第 4 版 1992 年版中的条件。三个层次：M——指强制性；R——指建议性；O——指选择性。

6. 技术规范

7. 投标书格式、投标书附录和投标保函

投标书格式、投标书附录和投标保函这三个文件是投标阶段的重要文件，投标书附录不仅是投标者在投标时要首先认真阅读的文件，而且对合同实施期都有约束和指导作用，因而应该仔细研究和填写。

投标书格式汇总了投标人中标后总的责任。相当于国内投标书的投标函。标书业主应在投标函开头部分注有"合同名称"、"致：（业主名称）"的空格内填入相应的内容。投标人应填写此函并将其加入到投标文件中。按照投标函格式填写的投标函和业主的书面中标通知书，在签订正式的合同协议书之前，组成了约束双方的合同。"投标书"不等于投标者的全部投标报价资料。"投标书"被认为是正式合同文件之一，而投标者的投标报价资料，除合同协议书中列明者外，均不属于合同文件。

投标书附录对合同条款的作用与投标资料表对投标人须知的作用相同。由于投标书附录的目的是修改补充通用合同条款和专用合同条款 A 和 B，使其适用于具体的合同，投标书附录应与通用合同条款和专用合同条款对应。范本中的投标书附录列出了一些共同的问题，具体的合同可能还要在投标书附录中增加一些不同的条款：如果专用合同条款的某条不适用，则应在投标书附录的相应条款中注明"不适用"。投标人应在投标书附录的每一页上都签字，表示确认。外汇需求表、调价用的权重系数与基期指数等表格放在投标书附录后。是投标书组成部分，由投标人填写。投标者还需填写"分包商一览表"，包括分包项目名称、分包项目估计金额、分包商名称、地址以及该分包商施工过的同类工程的介绍。

投标保函的有效期一般应比投标有效期长 28 天，招标机构在发出招标文件前应填入日期。投标人应按规定的格式提供。

8. 工程量清单

工程量清单提供工程数量资料，使投标书可以编写的有效准确，便于评标。在合同实施期间，标价的工程量清单是支付基础，用工程量清单中所报的单价乘以当月完成的工程量计算支付额。工程清单一般分为前言、工程细目、计日工表和汇总表四部分。

前言说明下述问题：①应将工程量表与投标者须知、合同条件、技术规范、图纸等资料综合起来阅读。②工程量表中的工程量是估算的，只能作为投标报价时的依据，付款的依据是实际完成的工程量和订合同时工程量表中最后确定的费率。③除合同另有规定外，工程量表中提供的单价必须包括全部施工设备、劳力、管理、燃料、材料、运输、安装、维修、保险、利润、税收以及风险费。④每一项目内容，投标者均应填入单价或价格，如果漏填，则认为此项目的单价或价格已被包含在其他项目之中。⑤规范和图纸上有关工程和材料的说明不必在工程量表重复强调。在计算工程量表中每个项目的价格时，应参考合同文件对项目的描述，如土方开挖应包含什么内容，注意什么问题。⑥根据业主选定的工程测量标准计量已完工程数量，或以工程量表规定的计量方法为准。⑦暂定金额是业主方的备用金，按照合同条件的规定支付。⑧计量单位使用通用的计量单位和缩写词（除非在业主所属国有强制性的标准）。

工程细目是指编制工程量表注意将不同等级要求的工程区分开；将同性质，不属于同部分的工作区分开；将情况不同、进行不同报价的项目区分开。编制工程量表划分"项目"要做到简单、概括，使项目既具有高度的概括性，条目简明，又不漏项和计价的内容。工程量表是以作业内容列表，叫作业顺序工程量表，另一种是以工种内容列表叫工种工程量表，使用较少。

计日工表是指出现工程量清单以外的不可预见工作，不能在工程量清单中明确给出工程量，合同中就要有合理计日工表。计日工表包括：计日工劳务、材料和施工机械的单价表；投标人填报的以计日工劳务、材料和设备的合计为基础的百分比的承包商应获利润管理费；工程量清单中还可以开列一项价格"暂定金额"，代表价格上涨不可预见费。避免在预算批准后，要求追加补批。由指定分包商施工的工程或供应的特殊货物的估计费用应在工程量清单中列出并附简要说明。该暂定金项目业主另行招标，选择专业公司作为主承包商的指定分包商。主承包商要为指定分包商的施工提供方便，为了使主承包商提供的管理参与竞争，工程量清单中的每一项暂定金都应在实际开支的暂定金的基础上增加一个百分率。

第一类计日工表是劳务计日工表。劳务计日工费用包括两部分：劳务的基本费率，承包商按基本费率的某一百分比得到承包商的利润、管理费、劳务监管费、保险费以及各项杂费等费用；

第二类是材料计日工表。材料计日工费用包括两部分：材料的基本费率是发票价格加运费、保险费、装卸费、损耗费等；按照某一百分比得到利润、管理费等费用。对以计日工支付的工地内运送材料费用项目，按劳务与施工设备的计日工表支付。

第三类是施工设备计日工表。费率包括设备的折旧费、利息、保险、维修及燃料等消耗品，以及管理费、利润费用，但机械驾驶员及其助手应依劳务计日工表中的费率计价。施工设备按现场实际工时数支付。以上各费要用当地货币报价，但也可依据票据的实际情况用多种货币支付。

汇总表是工程量清单的一个单独的表格，各表结转的合计金额，并且列有计日合计，工程量方面的不可预见费和价格不可预见费的暂定金额。

9. 合同协议书格式、履约保函格式和预付款银行保函格式

投标人在投标时不填写招标文件中提供的合同协议书格式、履约保证金格式和预付款银行保函格式，中标的投标人才要求提交。许多国家规定，投标书与中标通知书即构成合同，有的国家要求双方签订合同协议书，如世界银行贷款合同，由合同双方签署后生效。

履约保证是承包商向业主提出的保证认真履行合同的一种经济担保，一般有两种形式，即银行保函或叫履约保函，以及履约担保。世界银行贷款项目一般规定，履约保函金额为合同总价的10%，履约担保金额则为合同总价的30%以上。保函或担保中的"保证金额"由保证人根据投标书附录中规定的合同价百分数折成金额填写。美洲习惯采用履约担保，欧洲采用银行保函。只有世界银行贷款项目两种保证形式均可。亚洲开发银行则规定只能用银行保函。在编制国际工程的招标文件时应注意。银行履约保函分为两种形式：一种是无条件银行保函；另一种是有条件银行保函。对于无条件银行保函，银行见票即付，不需业主提供任何证据，承包商不能要求银行止付。有条件银行保函即银行在支付之前，业主有理由指出承包商违约，业主和工程师出示证据，提供损失计算数值。银行、业主均不愿承担这种保函。履约担保由担保公司、保险公司或信托公司开出的保函。承包商违约，业主要求承担责任前，必须证实承包商违约。担保公司可以采取以下措施之一，根据原要求完成合同：可以另选承包商与业主另签合同完成此工程，增加的费用由担保公司承担，不超过规定的担保金额；也可按业主要求支付给业主款额，但款额不超过规定的担保金额。银行预付款保函，即银行或金融机构应填入等于预付款的保证金数量。

10. 图纸

图纸是招标文件和合同的重要组成部分，是投标者在拟定施工方案，选用施工机械，提出备选方案，计算投标报价的资料。业主方一般应向投标者提供图纸的电子版。招标文件应该提供合适尺寸的图纸，补充和修改的图纸经工程师签字后正式下达，才能作为施工及结算的依据。在国际招标项目中，图纸有时较简单，可以减少承包商索赔机会，让承包商设计施工详图，利用了承包商的经验。当然这样做对图纸要认真检查，以防造价增加。

业主方提供的图纸中所包括的地质钻孔、水文、气象资料属于参考资料。而投标者应对资料做出的正确分析判断，业主和工程师对投标者分析不负责任。投标者要注意潜在风险。

6.3 国际工程项目投标

6.3.1 确定投标项目

1. 收集项目信息

（1）通过国际金融机构的出版物。所有利用世界银行、亚洲开发银行等国际性金融机构贷款的项目，都要在世界银行的《商业发展论坛报》、亚洲开发银行的

《项目机会》上发表。

(2) 通过公开发行的国际性刊物。如《中东经济文摘》、《非洲经济发展月刊》上刊登的招标邀请公告。

(3) 借助公共关系提早获取信息。

(4) 通过驻外使馆、驻外机构、外经贸部、公司驻外机构、国外驻我国机构获取。

(5) 通过国际信息网络。

2. 跟踪招标信息

国际工程承包商从工程项目信息中，选择符合本企业的项目进行跟踪，初步决定是否准备投标，再对项目进一步调查研究。跟踪项目或初步确定投标项目的过程是一项重要的经营决策过程。

6.3.2 准备投标

1. 在工程所在国登记注册

国际上有些国家允许外国公司参加该国的建设工程的投标活动，但必须在该国注册登记，取得该国的营业执照。一种注册是先投标，经评标获得工程合同后才允许该公司注册；第二种是外国公司欲参与该国投标，必须先注册登记，在该国取得法人地位后，正式投标。公司注册通常通过当地律师协助办理。承包商提供公司章程、所属国家颁发的营业证书、原注册地、日期、董事会在该国建立分支机构的决议，对分支机构负责人的授权证书。

2. 雇用当地代理人

进入该国市场开拓业务，由代理人协调当地事务。有些国家法律明确规定，任何外国公司必须指定当地代理人，才能参加所在国建设项目的投标承包。国际工程承包业务的80%都是通过代理人和中介机构完成的，他们的活动有利于承包商、业主，促进当地建设经济发展。代理人可以为外国公司承办注册、投标等。选定代理人后，双方应签订正式代理协议，付给代理人佣金和酬金。代理佣金一般是按项目合同金额的一定比例确定，如果协议需要报政府机构登记备案，则合同中的佣金比例不应超过当地政府的限额和当地习惯。佣金一般在合同总价的2%~3%左右。大型项目比例会适当降低，小型项目适当提高，但一般不宜超过5%。代理投标业务时，一般在中标后支付佣金。

3. 选择合作伙伴

国家要求外国承包商在本地投标时，要尽量与本地承包商合作，承包商最好是先从以前的合作者中选择两三家公司进行询价，可以采取联营体合作，也可以在中标前后选择分包。

投标前选择分包商。应签订排他性意向书或协议。分包商还应向总包商提交其承担部分的投标保函，一旦总包商中标，分包合同即自动成立。但事先无总包、分包关系，只要求分包商对其报价有效期作出承诺，不签订任何互相限制的文件。总包商保留中标后任意选择分包商的权利，分包商也有权调整他的报价；中标后选择分包商可以将利润相对丰厚的部分工程留给自己施工，有意识地将价格较低或技术不擅长的分包,向分包商转嫁风险;在某些工程项目的招标文件中,有时规定业主或工程师可以指定分包人,或要求承包商在业主指定的分包商名单中选择分包商。指定分包人向总包商承担义务责任,保障总承包商免受损害,获得补偿。

联营体合作伙伴的选择是为了在激烈的竞争中获胜,一些公司相互联合组成临时性的长期性的联合组织,以发挥企业的特长,增强竞争能力。联营体一般可分为两类:一类叫分担施工型,另一类叫联合施工型。分担施工型是合伙人各自分担一部分作业,并按照各自的责任实施项目。可以按设计、设备采购和安装调试、土建施工分,也可按工程项目或设备分,即把土建工程分为若干部分,由各家分别独立施工,设备也可根据情况分别采购、安装调试,有时这种形式也叫联合集团;一般的变更和修改可由联营体特定的领导者来处理。在项目合同中要明确规定这个特定的领导者具有代理全体合伙人的权限,便于和业主合作;联合施工型联营体的合伙者不分担作业,而是一同制定参加项目的内容及分担的权利、义务、利润和损失。因此,合伙人关心的是整个项目的利润或损失和以此为基础的正确决算。也采用合伙人代表会议方式,由一位推选的领导者负责,这种方式的领导者职责、权限更具有权威性。

4. 成立投标小组

投标小组由经验丰富、有组织协调能力、善于分析形势和有决策能力的人员担任领导,要有熟悉各专业施工技术和现场组织管理的工程师,还要有熟悉工程量核算和价格编制的工程估算师。此外,还要有精通投标文件文字的人员,最好是工程技术人员和估价师能使用该语言工作,还要有一位专职翻译,以保证投标书文件的质量。

6.3.3 参加资格预审

首先进行填报前的准备,在填报前应首先将各方面的原始资料准备齐全。内容应包括财务、人员、施工设备和施工经验等资料。在填报资格预审文件时应按照业主提出资格预审文件要求,逐项填写清楚,针对所投工程项目的特点,有重点地填写,要强调本公司的优势。实事求是地反映本公司的实力。一套完整的资格预审文件一般包括资格预审须知、项目介绍以及一套资格预审表格。资格预审须知中说明对参加资格预审公司的国别限制、公司等级、资格预审截止日期、参加资格预审的注意事项以及申请书的评审等。项目介绍则简要地介绍了招标项目的基本情况,使承包商对项目有一个总体的认识和了解。资格预审表格是由业主和工程师编制的一系列表格,不同项目资格预审表格的内容大致相同。

6.3.4 编制正式的投标文件

在报价确定后,就可以编制正式的投标文件(关于国际招标项目报价的分析策略在下一节讲述),投标文件又称标函或标书,应按业主招标文件规定的格式和要求编制。

1. 投标书的填写

投标书的内容与格式由业主拟定，一般由正文与附件两部分组成。承包商投标时应填写业主发给的投标书及其附录中的空白，并与其他投标文件寄交业主。投标中标后，标书就成为合同文件的一个主要组成部分。

有的投标书中还可以提出承包商的建议，以此得到业主的欢迎，如可以表明用什么材料代用可以降低造价而又不降低标准；修改某部分设计，则可降低造价等。

2. 复核标价和填写

标书标价进行调整以后，要认真反复审核标价，无误后才能开始填写投标书等投标文件，填写时要用墨汁笔，不允许用圆珠笔，然后翻译、打字、签章、复制。填写内容除了投标书外，还应包括招标文件规定的项目，如施工进度计划、施工机械设备清单及开办费等。有的工程项目还要求将主要分部分项工程报价分析表填写在内。

3. 投标文件的汇总装订

投标书编制完毕后，要进行整理和汇总。国外的标书要求内容完整、纸张一致、字迹清楚、美观大方，汇总后即可装订。整理时，一定不要漏装，往往容易将投标书与投标保函漏装。投标书不完整，会导致投标无效。

4. 内部标书的编制

内部标书是指投标人为确定报价所需各种资料的汇总，其目的是作为报价人今后投标报价的依据，也是工程中标后向工程项目施工有关人员交底的依据。内部标书的编制不需重新计算，而是将已经报价的成果资料进行整理，其内容一般有：

（1）编制说明。主要叙述工程概况、编制依据、工资、材料、机械设备价格的计算原则；采用定额和费用标准的计算原则；人民币与规定外币的比值；劳动力、主要材料设备、施工机械的来源；贷款额及利率；盈亏测算结果等。

（2）内部标价总表。标价总表分为按工程项目划分的标价总表和单独列项计算的标价总表两种。工程项目划分的标价总表，按工程项目的名称及标价分别列出，单独列项的标价总表，应单独列表，如开办费中的施工水、电、临时设施等。

（3）人工、材料设备和施工机械价格计算。此部分应加以整理，分别列出计算依据和公式。

（4）分部分项工程单价计算。此部分的整理要仔细，并可建立汇总表。

（5）开办费、施工管理费和利润计算。要求应分别列项加以整理，其中利润率计算的依据等均应详细标明。

（6）内部盈亏计算。根据标价分析作出盈亏与风险分析，分别计算后得出高、中、低三档报价，供决策者选择。

经过以上工作，国际施工项目投标的主要工作业已完成，之后便是投送标书、参加开标、接受评标，获得中标通知书后进行合同谈判，最终签订承包合同。

6.4 投标标价的确定

投标标价的计算分为两个阶段：标价的计算和报价的确定。前者是按照国际惯用的算标方法由算标人员计算待定标价。后者是根据决策人员多方面的分析，对原标价的盈利和风险进行分析，在此基础上调整标价，获得的最终报价。国际工程招标有多种合同形式，不同的合同形式计算报价的方法是不同。单价合同标价计算有七个步骤：①现场考察；②研究招标文件；③复核工程量；④制定施工规划；⑤计算工、料、机单价；⑥计算各项费用和分部分项工程单价；⑦单价分析和汇总标价。

6.4.1 考察现场，定位项目报价

现场考察对于正确考虑施工方案和合理计算报价具有重要意义。现场考察既是投标报价的组成部分，又是实现报价的手段。决定对某一项目投标并已购买招标文件后，往往时间比较紧张，因此，现场考察时应针对性调查。如：工程所在地区自然条件、施工条件、业主的情况、竞争对手的情况等。

6.4.2 研究招标文件要求，框定报价范围

熟悉各项技术要求，确定经济适用，缩短工期的施工方案；了解工程特殊材料和设备价格，整理招标文件中含糊不清的问题，及时提请业主予以澄清。

1. 研究投标书的附件和合同条件，计算项目价格

（1）工期。包括开工日期、施工期限，是否分段、分批竣工的要求。

（2）误期损害赔偿费的规定。这对施工计划安排和拖期的风险大小有影响。

（3）缺陷责任期的有关规定。影响收回工程尾款、承包商的资金利息和保函费计算。

（4）保函的要求。保函包括履约保函、进口施工机具税收保函、维修期保函等。保函数值要求、有效期的规定，保函开出的限制。投标者计算保函手续费，银行开具保函的抵押资金的依据。

（5）保险。是否指定了保险公司、保险的种类（例如工程一切险、第三方责任保险、现场人员的人生事故和医疗保险、现场人员的人生事故和医疗保险、社会保险）等和最低保险金额、保期和免赔额、索赔次数要求等。

（6）付款条件。预付款，材料设备预付，分阶段付款。期中付款方式，包括付款比例、保留金比例、限额、退回时间、方法，拖延付款利息支付等，期中付款最小额限制，付款的时间限制等，这些是影响承包商计算流动资金和利息费用的重要因素。

（7）税收。免税，关税的相关规定，这些将严重影响材料设备的价格计算。

（8）货币。应搞清商务条款中支付货币的种类和比例；外汇兑换和汇款的规定，向国外订购的材料设备需用外汇的申请和支付办法。

（9）劳务国籍的限制。这对计算劳务成本有用。

（10）战争和自然灾害等人力不可抗拒因素造成损害的补偿办法和规定，中途停工的处理办法和补救措施等。

（11）有无提前竣工的奖励。

（12）争议、仲裁或诉诸法律等的规定。

以上各项有关要求，在世界银行贷款项目招标文件中，有的在"投标者须知"中作出说明和规定。在某些招标文件中，这些要求放在"合同条件"第二部分中具体规定。

2. 熟悉技术规范，确定特殊项目价格。

研究招标文件中所附施工技术规范，是参考或采用英国规范、美国规范或是其他国际规范，以及对此技术规范的熟悉程度。有无特殊施工技术要求和有无特殊材料设备技术说明，有关选择代用材料、设备的规定，以便针对相应的定额，计算有特殊要求项目的价格。

3. 依据报价要求，调整投标报价

（1）注意合同的种类。例如有的住房项目招标文件，对其中的房屋部分要求采用总价合同方式，而对室外工程部分要求采用单价合同。对承包商来说，在总价合同中承担着工程量方面的风险，就应仔细校核工程量并对每一子项工程的单价作出详尽的分析和综合。

（2）研究需要报价范围。例如是否将施工临时工程、机具设备、进厂道路、临时水电设施等列入报价范围。对于单价合同要研究工程量的分类，子项工程含义和内容，永久性工程之外的项目报价要求。

（3）研究工程量表编制体系。首先应结合招标图纸分析设计是否详细，工程量是否准确，工程内容的含义不清楚，要向业主和咨询工程师提出质疑。

（4）对某部位的工程和设备的提供，业主是否确定"指定的分包商"。总包对分包商应提供何种条件，是否规定分包商的计价方法。

（5）合同有无调价条款，以及调价计算公式。

6.4.3 复核工程量，消除投标报价风险

国外工程量复核的依据是技术规范、图纸和工程量表。国外工程项目分部分项的划分是由技术规范决定的，故要改变在国内按定额划分分部分项工程的习惯。首先，要对照图纸与技术规范复核工程量表中有无漏项。其次，要从数量上复核。招标文件中通常情况下都附有工程量表，投标者应根据图纸仔细核算工程量。当发现相差较大时，投标者不能随便改动工程量，而应致函或直接找业主澄清。对于总价固定合同要特别引起重视，如果业主投标前不予更正，而且是对投标者不利的情况，投标者在投标时要附上声明：工程量表中某项工程量有错误，施工结算应按实际完工量计算。有时招标文件中没有工程量表，需要投标者根据设计图纸自行计算，按国际承包工程中的管理形式分项目列出工程量表。不论是复核工程量还是计算工程量，都要准确无误，因为工程量直接影响投标价的高低，对于总价合同来说，工程量的漏算或错算都有可能带来经济损失。

6.4.4 制定施工规划，寻求最低造价

招标文件要求投标者在报价时要附上施工规划，施工规划内容一般包括施工方案、施工进度计划、施工机械设备和劳动力计划安排，以及临时设施规划。制定施工规划的依据是工程内容、设计图纸、技术规范、工程量大小，现场施工条件和开、竣工日期等。

虽然国外施工规划的内容和深度都没有施工组织设计要求高，但是施工规划的编制对投标者工作有较大作用，这是因为施工方案的优选和进度计划合理安排和工程报价有着密切的关系。编制一个好的施工规划可以降低标价，提高竞争力。另外，承包商中标，原有的施工规划对编制施工组织设计有指导作用。投标时施工规划将作为业主评价投标者是否采取合理和有效的措施，能否保证按工期和质量要求完成工程的一个重要依据。

制定施工规划的原则是在保证工程质量和工期的前提下，尽可能使工程成本最低，投标价格合理。在这个原则下，投标者要采用对比和综合分析的方法寻求最佳方案，避免孤立地、片面地看问题。劳动力可分为国内派人和当地雇佣或分包，它又涉及到工效、费用比较、工期等因素；施工机械的选择不像国内那样，一般是自有机械即可承包工程。国外承包工程，首先要确定应采用机械施工的项目，确定的原则以经济效益最好为前提。所以，应根据现场施工条件、工期要求、机械设备来源、劳动力来源等，全面考虑采用某种合理方案。

6.4.5 人工、材料、机械台班单价的计算

（一）人工工资单价的计算

国外施工人的工资单价，应按国内派出工人和当地雇佣工人的平均工资单价计算。

在分别计算国内派出工人和当地雇佣工人的工资后，按其百分比、工效因素等即可求出平均工资单价。国内工人等于出国期间的总费用除以出国后工作天数。出国准备到回国休整结束后的全部费用：①国内工资（包括标准工资、附加工资和补贴）。②派出工人的企业收取的管理费。以上两项按人月将其数额支付给派出单位。③服装费、卧具及住房费。④国内、国际旅费。⑤国外津贴费、伙食费。⑥奖金及加班工资。⑦福利费。⑧工资预涨费。按我国工资现行规定计算，但工期短的工程可不考虑。⑨保险费。按当地工人保险费标准计算。

国外雇佣工人工资单价包括：①基本工资。按当地政府或市场价格计算。②带薪法定假日、带薪休假日工资。若月工资未包括，应另行计算，若月工资已包括，则不需计算。③夜间施工或加班的增加工资。④税金和保险费。按当地规定计算。⑤雇工招募和解雇应支付的费用。按当地的规定计算。⑥上下班交通费。按当地规定和雇佣合同规定计算。

（二）材料、设备单价的计算

国外承包工程中的材料、设备的来源渠道有三种：即当地采购、国内采购和第三国采购。承包商在材料、设备采购中，采用哪一种采购方式，要根据材料和

设备的价格、质量、供货条件、技术规范中的规定和当地有关规定等情况来确定。

1. 当地采购的材料和设备单价的计算

当地材料商供应到现场的材料、设备单价，这种情况在国外较多，即材料商直接将货物供应到施工现场或工地仓库。一般以材料商的报价为依据，并考虑材料预涨费的因素，综合计算单价。

自行采购的材料、设备单价，由下列公式计算，即：

材料、设备单价：市场价＋运杂费＋保管费＋运输保管损耗

2. 我国或第三国采购的材料和设备单价的计算

直接从国外进口和当地购买进口商品比较，直接进口商品价格要便宜一些。但是，直接从国外进口商品又受其海关税、港口税和进口商品数量等因素影响。因此，要事先作出决策，其价格计算公式为：

我国或第三国采购材料、设备单价：到岸价＋海关税＋港口费＋运杂费＋运输保管损耗到岸价是指物资到达海（空）港口岸的价格，包括原价与运杂费等。港口费是指物资在港口期间（指规定时间）所发生的费用，一般都按规定计算。海关税是一切进口物资都应向该进口国交纳的税费，按该国规定执行。海关税是以各种不同的物资分别不同税率计算的，其税率为0～100％。有的国家对国家投资的工程项目可免交海关税，但也要缴纳别的税，一般把海关税和有关税收统称为进口税。

上述材料、设备的单价估算，只是一种预测值，尚未考虑市场变化等因素，即报价期到工程开工时，实际采购材料、设备时，市场材料与设备的价格可能发生变化。因此，确定材料、设备报价单价时，应适当考虑预涨费，预涨费率的确定取决于对市场物价动态趋势的分析，随各国整个经济形势的变化而变化。

（三）施工机械台班单价的计算

在计算施工机械台班单价时，其中基本折旧费的计算不能套用国内的折旧费率，一般应根据当时的工程情况而确定，或多、或少，甚至可以不考虑"残值"回收，一般考虑5年折完，较大工程甚至一次折旧完毕。因此，也就不计算大修理费用，其机械的分摊问题，按照国内的做法，是把机械费分别列入分部分项工程单价内，这样，机械费的收回，待完工才能做到，这样，回收时间与投入资金时间相隔太远。而国外承包工程，施工机械多为开工时自行购买（除去租赁机械），承包商就必须都投入资金才行，对承包商不利。施工机械台班单价一般采用两种方法（视其招标文件规定）计算，一是单列机械费用，即把施工中各类机械的使用台班（或台班小时）与台班单价相乘，累计得出机械费；二是根据施工机械使用的实际情况，分摊使用台班费，其台班计算如下：

单列机械费时的台班单价计算公式如下：

台班单价：（年基本折旧费＋运杂费＋装拆费＋维修费＋保险费＋机上人工费＋运力燃料费＋管理费＋利润）/年台班数

分别摊入分项工程时的机械台班单价的计算，按上式减去管理费和利润即可。

6.4.6 主要费用和分部分项工程单价的计算

1. 施工管理费的测算

国外施工管理费的内容有许多是国内没有的,而国内发生的许多费用在国外也没有。因此,对施工管理费的项目划分,可参照国内现行规定,同时,又要结合国外当前的费用情况做增减调整,其项目划分如下:

(1) 工作人员费。工作人员费用即指该工程除了工人以外人员的工资、福利费、差旅费(国外往返车船票、机票等)、服装费、卧具费、国外伙食费、国外津贴费、人身保险费、奖金及加班费、探亲及出国前后所需时间内的调升工资等。计算时,按国家对工作人员的规定标准计算(或承包商规定)。若系雇佣外国雇员,则包括工资、加班费、津贴(包括房租及交通津贴等)、招雇及解雇费等。

(2) 生产工人辅助工资。包括非生产工人工日(如参加当地国的活动,因气候影响停工、工伤或病事假、国外短距离调遣费等)的工资、夜间施工夜餐费等,一般参照国内有关规定计算。

(3) 工资附加费。仅指医药卫生费、水电费等。

(4) 上级管理费。该承包公司和其驻在外国的管理机构所发生费用的分摊费,这项费用计算,以该承包公司的规定计算。

(5) 业务经营费。业务经营费在国外包括的项目很多,费用开支较大,一般包括以下费用:广告宣传费、考察联络费、交际费、业务资料费、业务手续费、佣金、保险费及税金、贷款利息等。

(6) 办公费。包括行政管理部门的文具、纸张、印刷、账册、报表、邮电、会议、水电、采暖及空调等费用。

(7) 差旅交通费。包括因公出差费、交通工具使用费、养路费、牌照税等。

(8) 文体宣教费。包括学习资料、报纸、期刊、图书、电影、电视、录像设施的购置摊销、影片及录像带的租赁、放映开支、体育设施及活动等费用。

(9) 固定资产使用费。系指行政部门使用的房屋、设备、仪器、机动交通车辆等的折旧摊销、维修、租赁费及房地产税等。

(10) 国外生活设施使用费。包括厨房设备、由个人保管使用的餐具、食堂家具、职工日常生活用具、职工宿舍内的家具等设施的购置及摊销、维修等费用。

(11) 工具、用具使用费。包括除中小型机械及模板以外的零星机具、工具、卡具、人力运输车辆、办公用的家具、器具和低值易耗品的购置、摊销、维修、生产工人自备工具的补助费等。

(12) 劳动保护费。包括安全技术设备、用具的购置、摊销、维修费、发给职工个人保管使用的劳动保护用品的购置费、防暑降温费、对有害健康作业者的保健津贴、营养等费用。

(13) 检验实验费。包括材料、半成品的检验、鉴定、试压及技术革新研究、试验费、定额测定费等。

(14) 其他。包括现场零星图纸、摄影、清扫、照明、竣工后的保护、清理、工程点交费以及工程维修期内的维修费等。

以上费用组成了施工管理费。但是，国外费用的划分不是一个固定的模式，它必须以招标文件为依据计算。施工管理费的测算，应广泛建立在收集各项费用开支基本数据的基础上，分别算出各费用的年开支额，再分别除以年直接费总额，即为该项管理费率，最后按需要汇总，即为综合的施工管理费率。

2. 开办费计算

开办费即准备费+这项费用一般采取单独报价，其内容视招标文件而定，包括如下内容：

（1）施工用水、用电费。施工用水包括自行取水和接供水公司水管两种方式。若自行取水，应计算打井费、储水池（或水塔）费、抽水设备、抽水动力及人工等经常费用。若接水时，按当地供水公司报价，其用水量，按国内相应定额计算。计算水费时，应考虑工期长短、供水方式的影响。

施工用电分自备电源和供电部门供电两种。若自备柴油发电机发电，应计算设备的折旧、安拆运费、油料及人工费等，其用电量应按照施工机械的耗电量及工作时间计算。若供电部门供电，应计算接线费、临时安装设备（变压器）等的折旧、安拆运费等。

（2）临时设施费。临时设施费在国外包括：施工企业的现场或非现场的生产、生活用房；施工临时道路及临时管线临时围墙，此项费用一般较大；可以参照国内临时设施定额，结合国外情况，根据施工人员多少来计算。如在气候炎热或寒冷的地区，还应考虑房屋中的空调或采暖设备费用等。

（3）脚手架费用。可按各个不同子项的搭设需要，参考国内定额进行计算。

（4）驻地工程师的现场办公室及设备费。包括驻地工程师的办公、居住房屋；测试仪表、交通车辆、供电、供水、供热、通信、空调，以及家具和办公用品等的费用。

（5）试验室及设备费。包括招标文件要求的试验室，试验设备及工具（包括家具、器皿）等的费用。

（6）职工交通费、报表费等。开办费一般为单独列项，在各分部分项报价之前计算。

3. 利润率的测定

国外承包工程利润率的测定，是投标报价的关键问题，在工程直接费、施工管理费等费用一定的情况下，投标竞争实际上是报价利润高低的竞争。利润率取高了，报价增大，中标率下降；利润率减少，报价减少，中标率上升。但是，由于承包商在国际承包中总是以利润为中心进行竞争的，因此，如何确定最佳利润率，则是报价取胜的关键。国外承包工程报价中利润的测定，应根据当地建筑市场竞争状况、业主状况和承包商对工程的期望程度而定。

4. 分部分项工程单价的计算

国外承包工程报价中的分部分项工程单价的计算，相当于国内单位估价表的编制，它是在预先测算人工、材料、机械台班的基价、施工管理费率和利润的情况下，再进行分项工程单价计算，其计算公式为：

分部分项工程单价：（人工费+材料费+机械费）×（1+施工管理费率+利

润率)

分部分项工程单价的计算有如下步骤:

(1) 选用预算定额。国外承包工程的定额,包括劳动定额、材料消耗定额、机械台班使用定额和费用定额。费用定额如前所述可以确定,其他定额的形式和内容与国内定额基本相似。但是,由于工作范围及内容、工程条件、机械化程度、材料和设备等与国内的定额有较大的差别,完全套用国内定额是不行的。

我国对外承包企业可根据自己的专业性质和特点、工人实际劳动效率以及工程项目的具体情况选用国内定额,并加以调整使用。一般来说,只要工人实际劳动工效能达到,应尽力选用较为先进的定额。目前,在国外承包工程报价时,土建工程可以以一个省、市的预算定额为主,适当参照别的定额。一般安装工程可以选用我国 2000 年颁布的全国统一安装工程预算定额。专业工程则以中央各部委制订的定额为主。如果没有合适的定额可以采用时,就要根据实践经验和拟订的施工方案进行估算,或者收集国外同类工程定额作参考。但对工程量大的分部分项工程,这种估算和参考定额的选用要特别慎重。

(2) 工程量的复核。计算及制定分项单价时,应先复核工程量,工程量无错误时,可按正常单价计算。一旦发现有较大出入,又不能改变与申诉时,只有加大单价,以弥补因工程量不足的损失。如工程量均有误差时,则应加大施工管理费率。

(3) 按技术规范确定的工作范围及内容,计算定额中各子项的消耗量。分项工程内容的工作范围由技术规范确定。若按国内定额套用,有的可以直接使用,有的则要加以合并或取舍。如脚手架工程,如果不单列开办费,而技术规范中又没有明确规定,则脚手架的工料、机械台班消耗量,应分摊到有关的分项工程中去。

(4) 单价计算。在各子项的消耗量确定后,将人工、材料、机械台班的基价套入定额,可计算直接费单价,然后再套入施工管理费率和利润率,可计算出施工管理费和利润,最后就可累计出分部分项工程单价。

6.4.7 单价分析、汇总标价

1. 单价分析

在确定了分部分项工程单价以后,就可以进行单价分析。有的招标项目还要求在投标文件上附上单价分析表,因为每个工程都有其特殊性,所以根据每个项目的特点(如现场情况、气候条件、地貌与地质状况、工程的复杂程度、工期长短、对材料设备的要求等)对单价逐项进行研究,确定合理的消耗量。

2. 标价汇总

将各分部分项工程单价与工程量相乘,得各分部分项工程价格,汇总各分部分项工程价格,再加上分包商的报价即为初步总造价。

6.4.8 国际工程投标报价分析和策略

(一) 工程标价分析

标价计算完成后的总价，只是内部标价，还必须对标价进行调整，测算报价的高低和盈亏的大小，最后确定报价。报价分析主要是进行盈亏分析和风险分析，预测内部标价投标时可能获得利润的幅度并据以提出高、中、低三档报价，供决策者选择。

(1) 盈亏分析。指在初定报价基础上，做出定量分析计算，得出盈亏幅度，找出工程的保本点，然后求出修正系数，以供最后综合分析报价决策使用。一般是从以下几个方面进行 0 分析。①效率分析。实际上是对所采用的定额水平进行分析，包括人工工效、材料消耗、施工机械台班用量的分析，能否采取措施降低消耗量，达到降低成本的目的。②价格分析。价格分析涉及面很广，主要分析大宗材料、永久设备、施工机械等的价格。从招标文件规定的物资供应渠道，多方面地分析各种基价能否降低。上述价格降低主要取决于资源选择、供应方式、市场价格变动幅度与趋势、分包报价及税收等因素。③数量分析。数量分析主要从两方面进行：即国内派出工人数量与工程数量分析。④其他分析。包括外汇比值分析，各项费用（如施工管理费、开办费等）指标分析，施工机械的余值利用分析等。上述分析后，综合各项求出可能的盈余总和，以便确定一个恰当的修正系数，得出低标报价，即：低标报价＝内部标价－各项盈余之和×修正系数，其修正系数一般小于1，可取 0.5～0.7。

(2) 风险分析。①建设工程失误风险。建设工程中的失误主要是工期和质量，其影响因素主要是承包商的职工素质。减少工程失误风险，就要求派出精明的工程经理和其他称职的管理人员、工程师和技术工人。但是，应该看到我国目前的管理水平较低，没有与外国业主交往的经验，可能出现一些失误。因此，应根据工程规模、工程质量要求、工期长短、施工项目的工艺复杂程度和派出施工企业的状况，适当考虑因工期拖延和质量返工事故而需支付的费用。②劳资关系风险。目前，在国际承包市场上，都存在着有分包和雇佣外籍职员或工人的现象，劳资关系是客观存在的，双方发生的摩擦难以避免。如工人过分要求提高工资，增加津贴，享受舒适的生活条件，甚至消极怠工等，因而引起承包商的经济损失。分包商在工程分包中的扯皮现象，要求改变工程量，改变单价，增收其他费用等情况，也时有发生，这些经济损失应适当考虑。③低价风险。这是指承包商在投标中，为了中标，往往采取压低标价的手段。但是，如果把压低标价作为达到中标的主要手段，其造成的后果将是中标越多，风险越大，造成的损失也越多。④其他风险。有些风险是难以预料的，如业主或工程师不公正而带来的麻烦；对招标文件研究不够透彻而造成的失误；对法律不清楚而造成的损失；气候突变及罢工影响等。

风险分析的目的采取对策减少损失，同时要估算一个概略的损失量，用风险损失修正系数修正之后，按内部标价增加这部分费用，作为高标报价。风险损失修正系数按风险损失的结论确定，一般取 0.5～0.7。高标报价＝内部标价＋各项风险损失之和×修正系数，通过以上报价分析，则可得出低标报价或高标报价。然后，根据投标决策与分析，确定最后报价。

(二) 投标报价策略

通过标价的分析可以为最终的报价提供决策思路，但对原标价进行具体调整，获得最终报价，还需进行深入细致的计算和分析。为了保证投标报价的科学性和增加中标的概率，往往会采用数学方法进行计算。

1. 获胜报价法

获胜报价法是利用承包商历次中标资料分析而得，这种方法是考虑竞争对手报价策略不变，所有报价均按估计成本的百分比计算，报价等于估计成本时，报价为100%，这时中标后不亏不盈。当报价为成本的110%，即超过估计成本的10%时，则盈利为10%。

2. 一般对手法

把竞争对手数目考虑在内的投标报价方法，叫一般对手法。该方法考虑了竞争对手及其数目的多少，当没有了解竞争对手的历史资料，或者虽然知道竞争对手是谁及竞争数目，但不知道他们目前的投标策略，可以认为竞争对手的水平和自己一样，承包商就可以用自己的投标资料进行判断。这种判断有较大的盲目性和冒险性，如果能搜集到一些有关竞争对。

6.5 FIDIC 施工合同条件

6.5.1 概述

1. FIDIC 简介

FIDIC 是指国际咨询工程师联合会（Federation Internationledes lngineieurs Conseils），它是由该联合会的法文名称字头组成的缩写词。1913年，欧洲四个国家的咨询工程师协会组成了 FIDIC。经过90年的发展，该联合会已拥有80多个代表不同国家和地区的咨询工程师专业团体会员国（它的会员在每个国家只有一个），是被世界银行认可的国际咨询服务机构，总部设立在瑞士洛桑。中国工程咨询协会代表我国于1996年10月加入该组织。

FIDIC 下属有四个地区成员协会：FIDIC 亚洲及太平洋地区成员协会（ASPAC）、FID-IC 欧洲共同体成员协会（CEDIC）、FIDIC 非洲成员协会集团（CAMA）和 FIDIC 北欧成员协会集团（RINORD）。FIDIC 还下设许多专业委员会，主要的有业主咨询工程师关系委员会（CCRC）、土木工程合同委员会（CECC）、电器机械合同委员会（EMLC）及职业责任委员会（PLC）等。FIDIC 专业委员会编制了许多标准合同条件，如：FIDIC 土木工程施工合同条件、FIDIC 电器和机械工程合同条件等。本章主要介绍 FIDIC 合同条件即指 FIDIC 土木工程施工合同条件。

FIDIC 合同条件在世界上应用很广，不仅为 FIDIC 成员国采用银行等国际金融机构的招标采购样本也常常采用。

2. FIDIC 施工合同条件的发展过程

由于国际工程建设的飞速发展，工程建设的规模扩大、风险增加，对当事人的权利义务应有更明确详细的约定，这给当事人签订合同时再做约定带来了困难。

在客观上，国际工程界需要一种标准合同文本，能在工程项目建设中普遍适用或稍作修改即可适用。而标准合同文本在工程的费用、进度、质量、当事人的权利义务方面都有明确而详细的规定。

FIDIC 合同条件正是顺应这一要求而产生的。FIDIC 编制了多个合同条件，以 1999 年最新出版的合同文本为例，包括以下四份新的合同文本：①施工合同条件（ConditionsofCon·tractforConstruction）；②永久设备和设计—建造合同条件（ConditionsofContractforrPlantandDesign—Build）；③EPC/交钥匙项目合同条件（ConditionsofContractbrEPC/TurnkeyProjects）；④合同的简短格式（ShortFormofContract）。

在 FIDIC 编制的合同条件中，以施工合同条件影响最大、应用最广。而 1999 年出版的施工合同条件是从 FIDIC 土木工程施工合同条件发展而来的。在本章的以下内容中，如果没有特别指明，FIDIC 合同条件仅指 FIDIC 施工合同条件。

1957 年，FIDIC 与欧洲建筑工程联合会（FIEC）一起在英国土木工程师协会（ICE）编写的《标准合同条件》（ICEConditions）基础上，制定了 FIDIC 土木工程施工合同条件第一版。第一版主要沿用英国的传统做法和法律体系。1969 年 FIDIC 出版了第二版 FIDIC 土木工程施工合同条件，第二版没有修改第一版的内容，只是增加了适用于疏浚工程的特殊条件。1977 年第三版 FIDIC 土木工程施工合同条件出版，对第二版作了较大修改，同时出版了《土木工程合同文件注释》。1987 年 FIDIC 土木工程施工合同条件第四版出版，1988 年又出版了第四版订正版。第四版出版后，为指导应用，FIDIC 又于 1989 年出版了一本更加详细的《土木工程合同条件应用指南》。经过修订，1999 年又出版了 FIDIC 施工合同条件（1999 年第一版）。

FIDIC 合同条件得到了美国总承包商协会（FIFG）、中美洲建筑工程联合会（FIIC）、亚洲及西太平洋承包商协会国际联合会（IFAWPCA）的批准，由这些机构推荐作为土建工程实行国际招标时通用的合同条件。

3. FIDIC 合同条件的构成

FIDIC 合同条件由通用合同条件和专用合同条件两部分构成，且附有合同协议书、投标函和争端仲裁协议书。

（1）FIDIC 通用合同条件。FIDIC 通用条件是固定不变的，工程建设项目只要是属于房屋建筑或者工程的施工，如：工业与民用建筑工程、水电工程、路桥工程、港口工程等建设项目，都可适用。通用条件共分 20 方面的问题：一般规定，业主，工程师，承包商，指定分包商，职员和劳工，工程设备、材料和工艺，开工、误期和暂停竣工检验，业主的接收，缺陷责任，测量和估价，变更和调整，合同价格和支付，业主提出终止，承包商提出暂停和终止，风险和责任，保险，不可抗力，索赔、争端和仲裁。由于通用条件是可以适用于所有土木工程的，因此条款也非常具体而明确。

FIDIC 通用合同条件可以大致划分为涉及权利义务的条款、涉及费用管理的条款、涉及工程进度控制的条款、涉及质量控制的条款和涉及法规性的条款等五大部分。这种划分只能是大致的，因此有相当多的条款很难准确地将其划入某一部分，可能它同时涉及费用管理、工程进度控制等几个方面的内容。但为了使FIDIC合同条件具有一定的系统性，从条款的功能、作用等方面作的一个初步归纳。

(2) FIDIC专用合同条件。FIDIC在编制合同条件时，对土木工程施工的具体情况作了充分而详尽的考察，从中归纳出大量内容具体详尽且适用于所有土木工程施工的合同条款，组成了通用合同条件。但仅有这些是不够的，具体到某一工程项目，有些条款应进一步明确，有些条款还必须考虑工程的具体特点和所在地区的情况予以必要的变动。FIDIC专用合同条件就是为了实现这一目的。通用条件与专用条件一起构成了决定一个具体工程项目各方的权利义务及对工程施工的具体要求的合同条件。

专用条件中的条款的出现可起因于以下原因：

第一，在通用条件的措词中专门要求在专用条件中包含进一步信息，如果没有这些信息，合同条件则不完整。

第二，在通用条件中说到在专用条件中可能包含有补充材料的地方。但如果没有这些补充条件，合同条件仍不失其完整性。

第三，工程类型、环境或所在地区要求必须增加的条款。

第四，工程所在国法律或特殊环境要求通用条件所含条款有所变更。此类变更是这样进行的：在专用条件中说明通用条件的某条或某条的一部分予以删除，并根据具体情况给出适用的替代条款，或者条款之一部分。

4. FIDIC合同条件的具体应用

FIDIC合同条件在应用时对工程类别、合同性质、前提条件等都有一定的要求。

(1) FIDIC合同条件适用的工程类别。FIDIC合同条件适用于房屋建筑和各种工程，其中包括工业与民用建筑工程、疏浚工程、土壤改善工程、道桥工程、水利工程、港口工程等。

(2) FIDIC合同条件适用的合同性质。FIDIC合同条件在传统上主要适用于国际工程施工。但对FIDIC合同条件进行适当修改后，而且同样适用于国内合同。

(3) 应用FIDIC合同条件的前提。FIDIC合同条件注重业主、承包商、工程师三方的关系协调，强调工程师（我国称为监理工程师）在项目管理中的作用。在土木工程施工中应用FIDIC合同条件应具备以下前提：①通过竞争性招标确定承包商；②委托工程师对工程施工进行监理；③按照单价合同方式编制招标文件（但也可以有些子项采用包干方式）。

5. FIDIC合同条件下合同文件的组成及优先次序

在FIDIC合同条件下，合同文件除合同条件外，还包括其他对业主、承包方都有约束力的文件。构成合同的这些文件应该是互相说明、互相补充的，但是这些文件有时会产生冲突或含义不清。此时，应由工程师进行解释，其解释应按构成合同文件的如下先后次序进行：①合同协议书；②中标函；③投标书；④专用条件；⑤通用条件；⑥规范；⑦图纸；⑧资料表和构成合同组成部分的其他文件。

6.5.2 FIDIC 合同条件中的各方

FIDIC 合同条件中涉及各方，包括业主、工程师和承包商。

1. 业主

业主是合同的当事人，在合同的履行过程中享有大量的权利并承担相应的义务。

（1）业主应当在投标书附录中规定的时间（或几个时间）内给予承包商进入现场、占有现场各部分的权利。此项进入和占有权不可为承包商独享。

（2）许可、执照或批准。业主应当根据承包商的请求，提供以下合理协助：取得与合同有关，但不易得到的工程所在国的法律文本；协助承包商申请工程所在国要求的许可、执照或批准。

（3）业主人员。业主应负责保证在现场的业主人员和其他承包商做到彼此间各项工作进行合作。

（4）业主的资金安排。业主应当在收到承包商的任何要求 28 天内，提出其已做并将维持的资金安排的合理证明，说明业主能够按照规定支付合同价格。

（5）业主的索赔。如果根据合同条款或合同有关的另外事项，业主认为有权得到任何支付，和（或）对缺陷通知期限的延长，业主或者工程师应当向承包商发出通知，说明细节。通知应当在业主了解引起索赔的事项或者情况后尽快发出。关于缺陷通知期限任何延长的通知，应在该期限到期前发出。

2. 工程师

工程师由业主任命，与业主签订咨询服务委托协议书，根据施工合同的规定，对工程的质量、进度和费用进行控制和监督，以保证工程项目的建设能满足合同的要求。

（1）工程师的任务和权力。工程师应当履行合同中指派给他的任务。工程师的职员应当包括具有适当资格的工程师和能够承担这些任务的其他专业人员。工程师可以行使合同中规定的、或者必然隐含的应当属于工程师的权力。如果要求工程师在行使规定权力前须得到业主批准，这些要求应当在专用条件中写明。但是，为了合同目的，工程师行使这些应当由业主批准但尚未批准的权力，应当视为业主已经予以批准。除得到承包商同意外，业主承诺不对工程师的权力作进一步的限制。工程师无权修改合同。

工程师在行使任务和权力时，还需要注意以下问题：

1）工程师履行或者行使合同规定或隐含的任务或权力时，应当视为代表业主执行；

2）工程师无权解除任何一方根据合同规定的任何任务、义务或者职责；

3）工程师的任何批准、校核、证明、同意、检查、检验、指示、通知、建议、要求、试验或类似行动（包括未表示不批准），不应解除合同规定承包商的任何职责，包括对错误、遗漏、误差和未遵办的职责。

（2）由工程师委托。工程师可以向其助手指派任务和委托权力。这些助手包括驻地工程师、被任命为检验和试验各项工程设备、材料的独立检查员。这些指派和委托应当使用书面形式,在双方收到抄件后才生效。助手应是具有适当资质的人员,能够履行这些任务,行使这些权力,但助手只能在授权范围内向承包商发出指示。助手在授权范围内做出的任何批准、校核、证明、同意、检查、检验、指示、通知、建议、要求、试验或类似行动,应具有工程师做出的行动同样的效力。如承包商对助手的确定或者指示提出质疑,承包商可将此事项提交工程师,工程师应当及时对该确定或指示进行确认、取消或者改变。

(3) 工程师的指示。工程师可在任何时间按照合同规定向承包商发出指示和实施工程和修补缺陷可能需要的附加或修正图纸,承包商应当接受这些指示。如果指示构成一项变更,则按照变更规定办理。一般情况下,这些指示应当采用书面形式。如果给出的是口头指示,在收到承包商的书面确认后两个工作日内工程师仍未通过发出书面拒绝或进行答复,则应当确认工程师的口头指令为书面指令。

(4) 工程师的替换。如果业主准备替换工程师,必须提前不少于 42 天发出通知以征得承包商的同意。如果要求工程师在行使某种权力之前需要获得业主批准,则必须在合同专用条件中加以限制。

3. 承包商

承包商是指其标书已被业主接受的当事人,以及取得该当事人资格的合法继承人。承包商是合同的当事人,负责工程的施工。

(1) 承包商的一般义务。包括:

1) 承包商应当按照合同约定及工程师的指示,设计(在合同规定的范围内)、实施和完成工程,并修补工程中的任何缺陷。

2) 承包商应提供合同规定的生产设备和承包商文件,以及此项设计、施工、竣工和修补缺陷所需的所有临时性或永久性的承包商人员、货物、消耗品及其他物品和服务。

3) 承包商应对所有现场作业、所有施工方法和全部工程的完备性、稳定性和安全性承担责任。除非合同另有规定,承包商对所有承包文件、临时工程及按照合同要求的每项生产设备和材料的设计承担责任,不应对其他永久工程的设计或规范负责。

4) 当工程师提出要求时,承包商应提交其建议采用的工程施工安排和方法的细节。

(2) 承包商提供履约担保。承包商应当在收到中标函后 28 天内向业主提交履约担保,并向工程师送一份副本。履约担保可以分为企业法人提供的保证书和金融机构提供的保函两类。履约担保一般为不需承包商确认违约的无条件担保形式。履约保函应担保承包商圆满完成施工和保修的义务,而非到工程师颁发工程接收证书为止。但工程接收证书的颁发是对承包商按合同约定圆满完成施工义务的证明,承包商还应承担的义务仅为保修义务,如果双方有约定的话,允许颁发整个工程的接收证书后将履约保函的担保金额减少一定的百分比。业主应当在收到履约证书副本后 21 天内,将履约担保退还承包商。

在下列情况下业主可以凭履约担保索赔:

1) 专用条款内约定的缺陷通知期满后仍未能解除承包商的保修义务时,承包商应延长履约保函有效期而未延长；

2）按照业主索赔或争议、仲裁等决定，承包商未向业主支付相应款项；

3）缺陷通知期内承包商接到业主修补缺陷通知后 42 天内未派人修补；

4）由于承包商的严重违约行为业主终止合同。

（3）承包商代表。承包商应当任命承包商代表，并授予其代表承包商根据合同采取行动所需的全部权力。承包商代表的任命应当取得工程师的同意。任命后，未经工程师同意，承包商不得撤销承包商代表的任命，或者任命替代人员。

（4）关于分包。承包商不得将整个工程分包。承包商应当对分包商的行为或违约负责。

（5）安全责任。承包商应当承担的安全责任包括：

1）遵守所有适用的安全规则；

2）负责有权在现场的所有人员的安全；

3）努力清除现场和工程不需要的障碍物，以避免对人员造成危险；

4）在工程竣工和移交前，提供围栏、照明、保卫和看守；

5）因实施工程为公众和邻近土地所有人、占用人使用和提供保护，提供任何需要的临时工程。

（6）中标金额的充分性。承包商应当被认为已经确信中标合同金额的正确性和充分性，中标合同金额应当包括根据合同承包商承担的全部义务，以及为正确地实施和完成工程并修补任何缺陷所需的全部有关事项。

4. 指定分包商

FIDIC《施工合同条件》用了较多篇幅介绍指定分包商。

（1）指定分包商的概念。指定分包商是由业主（或工程师）指定、选定，完成某项特定工作内容并与承包商签订分包合同的特殊分包商。业主有权将部分工程项目的施工任务或涉及提供材料、设备、服务等工作内容发包给指定分包商实施。合同内规定有承担施工任务的指定分包商，大多因业主在招标阶段划分分包合同时，考虑到某部分施工的工作内容有较强的专业技术要求，一般承包单位不具备相应的能力，但如果以一个单独的合同对待又限于现场的施工条件或合同管理的复杂性，工程师无法合理地进行协调管理，为避免各独立合同之间的干扰，则只能将这部分工作发包给指定分包商实施。由于指定分包商是与承包商签订分包合同，因而在合同关系和管理关系方面与一般分包商处于同等地位，对其施工过程中的监督、协调工作纳入承包商的管理之中。指定分包工作内容可能包括部分工程的施工；供应工程所需的货物、材料、设备；设计；提供技术服务等。

（2）对指定分包商的付款。为了不损害承包商的利益，给指定分包商的付款应从暂列金额内开支。承包商在每个月末报送工程进度款支付报表时，工程师有权要求他出示以前已按指定分包合同给指定分包商付款的证明。如果承包商没有合法理由而扣押了指定分包商上个月应得工程款的话，业主有权按工程师出具的证明从本月应得款内扣除这笔金额。

6.5.3 施工合同的进度控制

1. 一般规定

一般情况下，开工日期应在承包商收到中标函后 42 天内开工，但工程师应在不少于 7 天前向承包商发出开工日期的通知。承包商应当在收到通知后的 28 天内，向工程师提交一份详细的进度计划。

2. 工程师对施工进度的监督

为了便于工程师对合同的履行进行有效的监督和管理以及协调各合同之间的配合，承包商每个月都应向工程师提交进度报告，说明前一阶段的进度情况和施工中存在的问题，以及下一阶段的实施计划和准备采取的相应措施。当工程师发现实际进度与计划进度严重偏离时，不论实际进度是超前还是滞后于计划进度，为了使进度计划有实际指导意义，随时有权指示承包人编制改进的施工进度计划；并再次提交工程师认可后执行，新进度计划将代替原来的计划。也允许在合同内明确规定，每隔一段时间（一般为 3 个月）承包人都要对施工计划进行一次修改，并经过工程师认可。按照合同条件的规定，工程师在管理中应注意两点：①不论因何方应承担责任的原因导致实际进度与计划进度不符，承包人都无权对修改进度计划的工作要求额外支付；②工程师对修改后进度计划的批准，并不意味承包人可以摆脱合同规定应承担的责任。例如，承包人因自身管理失误使得实际进度严重滞后于计划进度，按他实际施工能力修改后的进度计划，竣工日期将迟于合同规定的日期。工程师考虑此计划已包括了承包人所有可挖掘的潜力，只能按此执行而批准后，承包人仍要承担合同规定的延期违约赔偿责任。

3. 竣工时间的延长

承包商应当在工程或者分项工程的竣工时间内，完成整个工程和每个分项工程。可以给承包商合理延长竣工时间的条件通常可能包括以下几种情况：

(1) 变更或者合同中某项工作量的显著变更；
(2) 延误发放图纸；
(3) 延误移交施工现场；
(4) 承包商依据工程师提供的错误数据导致放线错误；
(5) 不可预见的外界条件；
(6) 施工中遇到文物和古迹而对施工进度的干扰；
(7) 非承包商原因检验导致施工的延误；
(8) 发生变更或合同中实际工程量与计划工程量出现实质性变化；
(9) 施工中遇到有经验的承包商不能合理预见的异常不利气候条件影响；
(10) 由于传染病或其他政府行为导致工期的延误；
(11) 施工中受到业主或其他承包商的干扰；
(12) 施工涉及有关公共部门原因引起的延误；
(13) 业主提前占用工程导致对后续施工的延误；
(14) 非承包商原因使竣工检验不能按计划正常进行；
(15) 后续法规调整引起的延误；

(16) 发生不可抗力事件的影响。

4. 竣工检验

承包商完成工程并准备好竣工报告所需报送的资料后，应提前 21 天将某一确定的日期通知工程师，说明此日后已准备好进行竣工检验。工程师应指示在该日期后 14 天内的某日进行。此项规定同样适用于按合同规定分部移交的工程。如果工程或某区段未能通过竣工检验，承包商对缺陷进行修复和改正，在相同条件下重复进行此类未通过的试验和对任何相关工作的竣工检验。当整个工程或某区段未能通过按重新检验条款规定所进行的重复竣工检验时，工程师应有权选择以下任何一种处理方法：第一，指示再进行一次重复的竣工检验；第二，如果由于该工程缺陷致使业主基本上无法享用该工程或区段所带来的全部利益，拒收整个工程或区段（视情况而定），在此情况下，业主有权获得承包商的赔偿；第三，颁发一份接收证书（如果业主同意的话），折价接收该部分工程，合同价格应按照可以适当弥补由于此类失误而给业主造成的减少的价值数额予以扣减。

5. 颁发工程接收证书

工程通过竣工检验达到了合同规定的"基本竣工"要求后，承包商在他认为可以完成移交工作前 14 天以书面形式向工程师申请颁发接收证书。基本竣工是指工程已通过竣工检验，能够按照预定目的交给业主占用或使用，而非完成了合同规定的包括扫尾、清理施工现场及不影响工程使用的某些次要部位缺陷修复工作后的最终竣工，剩余工作允许承包商在缺陷通知期内继续完成。这样规定有助于准确判定承包商是否按合同规定的工期完成施工义务，也有利于业主尽早使用或占有工程，及时发挥工程效益。

工程师接到承包商申请后的 28 天内，如果认为已满足竣工条件，即可颁发工程接收证书；若不满意，则应书面通知承包商，指出还需完成哪些工作后才达到基本竣工条件。工程接收证书中包括确认工程达到竣工的具体日期。工程接收证书颁发后，不仅表明承包商对该部分工程的施工义务已经完成，而且对工程照管的责任也转移给业主。

如果合同约定工程不同区段有不同竣工日期时，每完成一个区段均应按上述程序颁发部分工程的接收证书。

业主提前占用工程时，工程接收证书的颁发。工程师应及时颁发工程接收证书，并确认业主占用日为竣工日。提前占用或使用表明该部分工程已达到竣工要求，对工程照管责任也相应转移给业主，但承包商对该部分工程的施工质量缺陷仍负有责任。工程师颁发接收证书后，应尽快给承包商采取必要措施完成竣工检验的机会。

因非承包商原因导致不能进行规定的竣工检验时，工程接收证书的颁发。有时也会出现施工已达到竣工条件，但由于不应由承包商负责的主观或客观原因不能进行竣工检验。如果等条件具备进行竣工试验后再颁发接收证书，既会因推迟竣工时间而影响到对承包商是否按期竣工的合理判定，也会产生在这段时间内对该部分工程的使用和照管责任不明。针对此种情况，工程师应以本该进行竣工检验日签发工程接收证书，将这部分工程移交给业主照管和使用。工程虽已接收，仍应在缺陷通知期内进行补充检验。当竣工检验条件具备后，承包商应在接到工程师指示进行竣工试验通知的 14 天内完成检验工作。由于非承包商原因导致缺陷通知期内进行的补检，属于承包商在投标阶段不能合理预见到的情况。

该项检查试验比正常检验多支出的费用应由业主承担。

6. 缺陷通知期

缺陷通知期即国内施工文本所指的工程保修期，自工程接收证书中写明的竣工日开始，至工程师颁发履约证书为止的日历天数。尽管工程移交前进行了竣工检验，但只是证明承包商的施工工艺达到了合同规定的标准，设置缺陷通知期的目的是为了考验工程在动态运行条件下是否达到了合同中技术规范的要求。因此，从开工之日起至颁发履约证书日止，承包商要对工程的施工质量负责。合同工程的缺陷通知期及分阶段移交工程的缺陷通知期，应在专用条件内具体约定。次要部位工程通常为半年；主要工程及设备大多为一年；个别重要设备也可以约定为一年半。

（1）承包商在缺陷通知期内应承担的义务。工程师在缺陷通知期内可就以下事项向承包商发布指示：

1）将不符合合同规定的永久设备或材料从现场移走并替换；

2）将不符合合同规定的工程拆除并重建；

3）实施任何因保护工程安全而需进行的紧急工作。不论事件起因于事故、不可预见事件还是其他事件。

（2）履约证书的颁发。履约证书是承包商已按合同规定完成全部施工义务的证明。

因此该证书颁发后工程师就无权再指示承包商进行任何施工工作，承包商即可办理最终结算手续。缺陷通知期内工程圆满地通过运行考验，工程师应在期满后的 28 天内，向业主签发解除承包商承担工程缺陷责任的证书，并将副本送给承包商。但此时仅意味承包商与合同有关的实际义务已经完成，而合同尚未终止，剩余的双方合同义务只限于财务和管理方面的内容。业主应在证书颁发后的 14 天内，退还承包商的履约保证书。

缺陷通知期满时，如果工程师认为还存在影响工程运行或使用的较大缺陷，可以延长缺陷通知期推迟颁发证书，但缺陷通知期的延长不应超过竣工日后的 2 年。

6.5.4 合同价格和付款

1. 合同价格

接受的合同款额指业主在"中标函"中对实施、完成和修复工程缺陷所接受的金额，来源于承包商的投标报价并对其确认。但最终的合同价格则指按照合同各条款的约定，承包商完成建造和保修任务后，对所有合格工程有权获得的全部工程款。

2. 合同价格调整的原因

最终结算的合同价与中标函中注明的接受的合同款额一般不会相等，原因有以下几点：

（1）合同类型特点。《施工合同条件》适用于大型复杂工程采用单价合同的承包方式。为了缩短建设周期，通常在初步设计完成后就开始施工招标，在不影响施工进度的前提下陆续发放施工图，因此承包商据以报价的工程量清单中各项工作内容项下的工程量一般为概算工程量。合同履行过程中，承包商实际完成的工程量可能多于或少于清单中的估计量。单价合同的支付原则是，按承包商实际完成工程量乘以清单中相应工作内容的单价，结算该部分工作的工程款。另外，大型复杂工程的施工期较长，通用条件中包括合同工期内因物价变化对施工成本产生影响后计算调价费用的条款，每次支付工程进度款时均要考虑约定可调价范围内项目当地市场价格的涨落变化。而这笔调价款没有包含在中标价格内，仅在合同条款中约定了调价原则和调价费用的计算方法。

（2）发生应由业主承担责任的事件。合同履行过程中，可能因业主的行为或他应承担风险责任的事件发生后，导致承包商增加施工成本，合同相应条款都规定应对承包商受到的实际损害给予补偿。

（3）承包商的质量责任。合同履行过程中，如果承包商没有完全地或正确地履行合同义务，业主可凭工程师出具的证明，从承包商应得工程款内扣减该部分给业主带来损失的款额。

（4）承包商延误工期或提前竣工。因承包商责任的延误竣工，签订合同时双方需约定日拖期赔偿额和最高赔偿限额。如果合同内规定有分阶段移交的工程，在整个合同工程竣工日期以前，工程师已对部分分阶段移交的工程颁发了工程接收证书且证书中注明的该部分工程竣工日期未超过约定的分阶段竣工时间，则全部工程剩余部分的日拖期违约赔偿额应相应折减。当合同内约定有分项工程的竣工时间和奖励办法时，为了使业主能够在完成全部工程之前占有并启用工程的某些部分以提前发挥效益，约定的分项工程完工日期应固定不变。也就是说，工程师不因该分项工程施工过程中出现非承包商应负责原因批准顺延合同工期，而对计算奖励的竣工时间应予以调整（除非合同中另有规定）。

（5）包含在合同价格之内的暂列金额。某些项目的工程量清单中包括有"暂列金额"款项，尽管这笔款额计入在合同价格内，但其使用却归工程师控制。暂列金额实际上是一笔业主方的备用金，用于招标时对尚未确定或不可预见项目的储备金额。施工过程中工程师有权依据工程进展的实际需要经业主同意后，用于施工或提供物资、设备，以及技术服务等内容的开支，也可以作为供意外用途的开支。他有权全部使用、部分使用或完全不用。工程师可以发布指示，要求承包商或其他人完成暂列金额项内开支的工作，因此，只有当承包商按工程师的指示完成暂列金额项内开支的工作任务后，才能从其中获得相应支付。由于暂列金额是用于招标文件规定承包商必须完成的承包工作之外的费用，承包商报价时不将承包范围内发生的间接费、利润、税金等摊入其中，所以他未获得暂列金额内的支付并不损害其利益。承包人接受工程师的指示完成暂列金额项内支付的工作时，应按工程师的要求提供有关凭证，包括报价单、发票、收据等结算支付的证明材料。

3. 预付款

预付款是业主为了帮助承包商解决施工前期开展工作时的资金短缺，从未来的工程款中提前支付的一笔款项。合同工程是否有预付款，以及预付款的金额多少、支付（分期支付的次数及时间）和扣还方式等均要在专用条款内约定。承包商需首先将银行出具的履约保函和预付款保函交给业主并通知工程师，工程师在 21 天内签发"预付款支付证书"，业主按合同约定的数额和外币比例支付预付款。预付款保函金额始终保持与预付款等额，即随着承包商对预付款的偿还逐渐递减保函金额。预付款在分期支付工程进度款的支付中按百分比扣减的方式偿还。自承包商获得工程进度款累计总额（不包括预付款的支付和保留金的扣减）达到合同总价（减去暂列金额）10%那个月起扣。本月证书中承包商应获得的合同款额（不包括预付款及保留金的扣减）中扣除 25%作为预付款的偿还，直至还清全部预付款。

4. 工程进度款的支付程序

FIDIC《施工合同条件》对工程进度款的支付程序有详细的规定。

（1）工程量计量。工程量清单中所列的工程量仅是对工程的估算量，不能作为承包商完成合同规定施工义务的结算依据。每次支付工程月进度款前，均需通过测量来核实实际完成的工程量，以计量值作为支付依据。采用单价合同的施工工作内容应以计量的数量作为支付进度款的依据，而总价合同或单价包干混合式合同中按总价承包的部分可以按图纸工程量作为支付依据，仅对变更部分予以计量。

（2）承包商提供报表。每个月的月末，承包商应按工程师规定的格式提交一式 6 份本月支付报表。内容包括提出本月已完成合格工程的应付款要求和对应扣款的确认。

（3）工程师签证。工程师接到报表后，对承包商完成的工程形象、项目、质量、数量以及各项价款的计算进行核查。若有疑问时，可要求承包商共同复核工程量。在收到承包商的支付报表的 28 天内，按核查结果以及总价承包分解表中核实的实际完成情况签发支付证书。工程师可以不签发证书或扣减承包商报表中部分金额的情况包括：

1）合同内约定有工程师签证的最小金额时，本月应签发的金额小于签证的最小金额，工程师不出具月进度款的支付证书。本月应付款接转下月，超过最小签证金额后一并支付。

2）承包商提供的货物或施工的工程不符合合同要求，可扣发修正或重置相应的费用，直至修整或重置工作完成后再支付。

3）承包商未能按合同规定进行工作或履行义务，并且工程师已经通知了承包商，则可以扣留该工作或义务的价值，直至工作或义务履行为止。

工程进度款支付证书属于临时支付证书，工程师有权对以前签发过的证书中发现的错、漏或重复，承包商也有权提出更改或修正，经双方复核同意后，将增加或扣减的金额纳入本次签证中。

（4）业主支付。承包商的报表经过工程师认可并签发工程进度款的支付证书后，业主应在接到证书后及时给承包商付款。业主的付款时间不应超过工程师收到承包商的月进度付款申请单后的 56 天。

5. 竣工结算

颁发工程接收证书后的 84 天内，承包商应按工程师规定的格式报送竣工报表。工程师接到竣工报表后，应对照竣工图进行工程量详细核算，对其他支付要求进行审查，然后再依据检查结果签署竣工结算的支付证书。此项签证工作，工程师应在收到竣工报表后 28 天内完成。业主依据工程师的签证予以支付。

6. 保留金

保留金是按合同约定从承包商应得的工程进度款中相应扣减的一笔金额保留在业主手中，作为约束承包商严格履行合同义务的措施之一。当承包商有一般违约行为使业主受到损失时，可从该项金额内直接扣除损害赔偿费。例如，承包商未能在工程师规定的时间内修复缺陷工程部位，业主雇用其他人完成后，这笔费用可从保留金内扣除。

(1) 保留金的约定和扣除。承包商在投标书附录中按招标文件提供的信息和要求确认了每次扣留保留金的百分比和保留金限额。每次月进度款支付时扣留的百分比一般为 5%～10%，累计扣留的最高限额为合同价的 2.5%～5%。从首次支付工程进度款开始，用该月承包商完成合格工程应得款加上因后续法规政策变化的调整和时常价格浮动变化的调价款为基数，乘以合同约定保留金的百分比作为本次支付时应扣留的保留金。逐月累计扣到合同约定的保留金最高限额为止。

(2) 保留金的返还。扣留承包商的保留金分两次返还：

第一次，颁发工程接收证书后的返还。颁发了整个工程的接收证书时，将保留金的前一半支付给承包商。如果颁发的接收证书只是限于一个区段或工程的一部分，则：返还金额；保留金总额的一半×移交工程区段或部分的合同价值的估算值/最终合同价值的估算值×%40 第二次，保修期满颁发履约证书后将剩余保留金返还。整个合同的缺陷通知期满，返还剩余的保留金。如果颁发的履约证书只限于一个区段，则在这个区段的缺陷通知期满后，并不全部返还该部分剩余的保留金：

返还金额二保留金总额的一半×移交工程区段或部分的合同价值的估算值/最终合同价值的估算值×40%

合同内以履约保函和保留金两种手段作为约束承包商忠实履行合同义务的措施，当承包商严重违约而使合同不能继续顺利履行时，业主可以凭履约保函向银行获取损害赔偿；而因承包商的一般违约行为令业主蒙受损失时，通常利用保留金补偿损失。履约保函和保留金的约束期均是承包商负有施工义务的责任期限（包括施工期和保修期）。保留金保函代换保留金。当保留金已累计扣留到保留金限额的 60% 时，为了使承包商有较充裕的流动资金用于工程施工，可以允许承包商提交保留金保函代换保留金。

业主返还保留金限额的 50%，剩余部分待颁发履约证书后再返还。保函金额在颁发接收证书后不递减。

7. 最终结算

最终结算是指颁发履约证书后，对承包商完成全部工作价值的详细结算，以及根据合同条件对应付给承包商的其他费用进行核实，确定合同的最终价格。

颁发履约证书后的 56 天内，承包商应向工程师提交最终报表草案，以及工程师要求提交的有关资料。最终报表草案要详细说明根据合同完成的全部工程价值和承包商依据合同认为还应支付给他的任何进一步款项，如剩余的保留金及缺陷通知期内发生的索赔费用等。

工程师审核后与承包商协商，对最终报表草案进行适当的补充或修改后形成最终报表。承包商将最终报表送交工程师的同时，还需向业主提交一份"结清单"进一步证实最终报表中的支付总额，作为同意与业主终止合同关系的书面文件。工程师在接到最终报表和结清单附件后的 28 天内签发最终支付证书，业主应在收到证书后的 56 天内支付。只有当业主按照最终支付证书的金额予以支付并退还履约保函后，结清单才生效，承包商的索赔权也即行终止。

6.5.5 有关争端处理的规定

1. 对争端的理解

对争端应作广义的理解，当事人对合同条款和合同的履行的不同理解和看法都是争端。凡是当事人对合同是否成立、成立的时间、合同内容的解释、合同的履行、违约的责任，以及合同的变更、中止、转让、解除、终止等发生的争端，均应包括在内；也包括对工程师的任何意见、指示、决定、证书或估价方面的任何争端。

2. 争端发生后业主和承包商应采取的措施

（1）应将争端提交给工程师。不论争端产生在哪一个阶段，也不论是在否认合同有效或合同在其他情况下终止之前还是之后，此类争端事宜应首先以书面形式提交给工程师，并将副本提交给另一方。这样，能够使工程师尽早了解争端的内容及当事人的看法。

（2）承包商应继续进行施工。除非合同已被否认或被终止，在任何情况下，承包商都应以应有的精心继续进行工程施工，而且承包商和业主应立即执行工程师做出的每一项此类决定。

3. 工程师对争端的决定

如果业主与承包商之间产生争端，并且问题得不到澄清以使双方满意，双方中任何一方可立即将此争端提交工程师，要求其做出决定。由工程师做出决定，可以较快、较经济地解决争端，应当首先采用。工程师则应当在收到有关争端文件后 84 天内将其决定通知业主和承包商。

如果工程师已将他对争端所作的决定通知了业主和承包商，而业主和承包商在收到工程师有关此决定的通知 70 天后（包括 70 天），双方均未发出要将该争端提交仲裁的通知，则该决定将被视为最后决定，并对业主和承包商双方均有约束力。

对于具有法律性质的争端，工程师最好在听取法律咨询后作决定。

4. 争端裁决委员会的裁决

如果双方对工程师的决定不满，可以将争端提交争端裁决委员会（DisputeA-diudica-tionBoard—DAB）。争端裁决委员会是根据投标函附录中的规定设立的，由1人或者3人组成（具体由投标函附录中规定）。若争端裁决委员会成员为3人，则由合同双方各提名一位成员供对方认可，双方共同确定第三位成员作为主席。如果合同中有争端裁决委员会成员的意向性名单，则必须从该名单中进行选择。合同双方应当共同商定对争端裁决委员会成员的支付条件，并由双方各支付酬金的一半。

争端裁决委员会在收到书面报告后84天内对争端做出裁决，并说明理由。如果合同一方对争端裁决委员会的裁决不满，则应当在收到裁决后的28天内向合同对方发出表示不满的通知，并说明理由，表明准备提请仲裁。如果争端裁决委员会未在84天内对争端作出裁决，则双方中的任何一方均有权在84天的期满后的24天内向对方发出要求仲裁的通知。如果双方接受争端裁决委员会的裁决，或者没有按照规定发出表示不满的通知，则该裁决将成为最终的决定。

争端裁决委员会的裁决做出后，在未通过友好解决或者仲裁改变该裁决之前，双方应当执行该裁决。

5. 争端的友好解决

在合同发生争端时，如果双方能通过协商达成一致，这比通过仲裁、诉讼程序解决争端好得多。这样既能节省时间和费用，也不会伤害双方的感情，使双方的良好合作关系能够得以保持。事实上，在国际工程承包合同中产生的争端大都可以通过友好协商得到解决。因此，如果工程师对争端的决定不被接受，双方应尽量自行友好解决，而不应立即对这一争端开始申请仲裁。在合同一方发出对争端裁决委员会裁决不满的通知后，必须经过56天才能申请仲裁。这56天的时间是留给争端的友好解决的。

当然，如果没有特别的协议，友好解决并非必须采取的步骤。为了避免解决争端的协商无限期拖延，只要过了一定期限，不论是否作了友好解决的努力，双方均可提出仲裁申请。

6. 争端的仲裁

仲裁的规定，其意义不仅在于寻找一条解决争端的途径和方法，更重要的是仲裁条款的出现使当事人双方失去了通过诉讼程序解决合同争端的权利。因为当事人在仲裁与诉讼中只能选择一种解决方法，因此，该规定实际决定了合同当事人只能把提交仲裁作为解决争端的最后办法。

在仲裁制度上，国际上的通行做法都是规定仲裁机构的裁决是终局性的，当事人无权就仲裁机构的裁决向法院起诉。因为国际上的仲裁机构都是民间组织，申请仲裁是当事人基于对仲裁机构的信任及双方的自愿。仲裁机构接受仲裁申请必须经双方当事人的同意（在合同中有仲裁条款或仲裁协议），同时，这种同意也排除了法院对合同争端的管辖权。

仲裁裁决具有法律效力。但仲裁机构无权强制执行，如一方当事人不履行裁决，另一方当事人可向法院申请强制执行。

如果争执双方没有另外的协议，仲裁可以在当事人将此争端提交仲裁的意向通知（也就是表示不满的通知）发出后 56 天后开始。

在工程竣工前后均可诉诸仲裁。但在工程进行过程中，业主、工程师、承包商各自的义务不得以仲裁正在进行为理由而加以改变。

复习思考题

1. 国际工程招标投标市场有哪些特点？
2. 简述国际工程招标投标活动的基本原则？
3. 试述国际工程项目招标的程序。
4. 国际工程项目招标文件包括哪些基本内容？
5. 如何进行国际工程投标报价分析，制定相关策略？
6. 试述 FIDIC 施工合同条件的构成。
7. 简述 FIDIC 施工合同条件中关于进度控制、合同价格和付款的规定。

参 考 文 献

1. 李春亭，李燕．工程招投标与合同管理．北京：中国建筑工业出版社，2004
2. 国际咨询工程师联合会　中国工程咨询协会编译．FIDIC施工合同条件（1999年第一版）．北京：机械工业出版社，2002
3. 卢谦．建设工程招标投标与合同管理．北京：中国水利水电出版社，2005
4. 顾永才，田元福．招投标与合同管理．北京：科学出版社，2006
5. 雷胜强，隋英锑．简明建设工程招标投标工作手册．北京：中国建筑工业出版社，2005
6. 张国华．建设工程招标投标实务．北京：中国建筑工业出版社，2005
7. 中国土木工程学会建筑市场与招标投标分会．《房屋建筑和市政基础设施工程施工招标文件范本》应用指南．北京：中国建筑工业出版社，2003
8. 何红锋．工程建设中的合同法与招标投标法．北京：中国计划出版社，2002
9. 刘长春，张嘉强，丛林．中华人民共和国招标投标法释义．北京：中国法制出版社，1999
10. 全国造价职业资格考试培训教材编审委员会．工程造价计价与控制．北京：中国计划出版社，2006
11. 全国建筑业企业项目经理培训教材编写委员会．工程招投标与合同管理．北京：中国建筑工业出版社，2000
12. 中国建设监理协会组织编写．建设工程合同管理．北京：知识产权出版社，2003